Erfolgreich selbstständig als Coach

Erfolgreich selbstständig als Coach

Fabian Grolimund

Fabian Grolimund

Erfolgreich selbstständig als Coach

Wie Sie mit Herzblut, Ausdauer und cleverem Marketing Ihre Leidenschaft zum Beruf machen

2., aktualisierte Auflage

hogrefe

Fabian Grolimund
Akademie für Lerncoaching
Albulastrasse 57
8048 Zürich
Schweiz
fabian.grolimund@gmail.com

Bibliografische Information der Deutschen Nationalbibliothek
Die Deutsche Nationalbibliothek verzeichnet diese Publikation in der Deutschen Nationalbibliografie; detaillierte bibliografische Daten sind im Internet über http://www.dnb.de abrufbar.

Anregungen und Zuschriften bitte an:
Hogrefe AG
Lektorat Psychologie
Länggass-Strasse 76
3012 Bern
Schweiz
Tel. +41 31 300 45 00
info@hogrefe.ch
www.hogrefe.ch

Lektorat: Dr. Susanne Lauri
Bearbeitung: Friederike Moldenhauser, Hamburg
Herstellung: Daniel Berger
Umschlagabbildung: Marcus Wilke, Berlin
Umschlag: Claude Borer, Riehen
Satz: punktgenau GmbH, Bühl
Druck und buchbinderische Verarbeitung: Finidr s.r.o., Český Těšín
Printed in Czech Republic
Auf säurefreiem Papier gedruckt

2., überarbeitete Auflage 2023

(E-Book-ISBN_PDF 978-3-456-96295-5)
(E-Book-ISBN_EPUB 978-3-456-76295-1)
ISBN 978-3-456-86295-8
https://doi.org/10.1024/86295-000

Inhaltsverzeichnis

Gute Miene vor leeren Stühlen

Es ist Abend, 19.30 Uhr. Meine Kollegin Nora Völker und ich stehen in einer Schulaula in Fribourg, neben uns die sehr sympathische Schulleiterin. Nach einem Gespräch mit ihr und einem Referat vor den Lehrkräften hatten wir grünes Licht erhalten, den Eltern der Schule unseren Elternkurs „Mit Kindern lernen" vorzustellen. Wir blicken auf achtzig Stühle. Sie sind leer. Die Schulleiterin bricht das betretene Schweigen: „Ich glaube, wir warten noch fünf Minuten ... vielleicht kommt noch jemand ..."

„Hoffentlich nicht", denken Nora und ich. Wir hatten in der Woche davor an einer anderen Schule den gleichen Vortrag für eine einzige Person gehalten. Wir möchten weg – in die Kneipe, um ein Frustbier zu trinken. Das war in den letzten Wochen zu einem Ritual geworden, um mit den vielen bitteren Niederlagen umzugehen.

Eine halbe Stunde später nippen wir an unserem Bier. Wir hatten vereinbart, dass wir jammern dürfen, bis das Glas ausgetrunken ist. Es tut gut, sich die Enttäuschung von der Seele zu reden und jemanden zu haben, der im gleichen Boot sitzt: „Der ganze Aufwand für nichts – und die Schulleiterin tut mir auch leid!" „Das kann doch nicht sein, dass das niemanden interessiert!" „Wir sind solche Versager! Was machen wir nur falsch?" Nach einer Weile ist das Bier leer. Wir zahlen, nehmen uns in die Arme und muntern uns mit dem Satz „Und ich finde dich trotzdem gut!" wieder auf. Wir lächeln beide.

Im Herbst 2010 bin ich bereits drei Jahre teilselbstständig. Die Bilanz: viel Aufwand, viel Stress, wenig Ertrag. Meinen Lebensunterhalt verdiene ich als Assistent und Lehrbeauftragter an der Uni. Ich arbeite in einer 70-Prozent-Anstellung als Angestellter und nochmals ebenso viel im Rahmen meiner Selbstständigkeit. In den nächsten Jahren gelingt es uns,

Stefanie Rietzler, Nora Völker und mir, ein erfolgreiches, kleines Unternehmen aufzubauen und uns als Experten für die Themen „Mit Kindern lernen“ und „Lerncoaching“ zu positionieren.

In diesem Buch erzähle ich Ihnen, wie wir die Wende geschafft und durch einige gute Entscheidungen, clevere Strategien und viel Fleiß Fuß fassen und wachsen konnten – und wie Ihnen dies ebenfalls gelingen kann.

Konfuzius sagte einst:
Der Mensch hat dreierlei Wege klug zu handeln ...
... durch Nachdenken, das ist der edelste.
... durch Nachahmen, das ist der leichteste.
... durch Erfahrung, das ist der bitterste.

Schaue ich zurück, muss ich feststellen, dass ich zu oft den dritten und zu selten den zweiten Weg gegangen bin. Sich als Trainer, Coach oder Beraterin selbstständig zu machen oder als Expertin[1] positionieren zu wollen, ist eine schwierige Aufgabe. Wenn Sie davon leben möchten, benötigen Sie alle Hilfe, die Sie bekommen können. Selbstständig zu sein bedeutet nicht, sich alles selbst beibringen und jede bittere Erfahrung selbst machen zu müssen. Lernen Sie so viel Sie können von Menschen, die diesen Weg bereits beschritten haben. Machen Sie nicht die gleichen Fehler. Fragen Sie sie nach ihren Erfolgsrezepten und adaptieren Sie diese, damit sie zu Ihnen und Ihrem Angebot passen. Sie werden auch dann nicht darum herumkommen, mehr Frustbiere trinken zu müssen, als Ihnen lieb ist. Ich hoffe, Ihnen mit diesem Buch die eine oder andere Enttäuschung zu ersparen.

Bei Ihrem Projekt wünsche ich Ihnen viel Erfolg und drei Dinge, die Sie unbedingt benötigen, um sich erfolgreich selbstständig zu machen:

- den Mut, mit etwas anzufangen, obwohl Sie glauben, noch nicht bereit zu sein
- die Hartnäckigkeit, dort weiterzumachen, wo andere aufgeben
- die Offenheit und Bescheidenheit, die nötig ist, um sich mit der Realität auseinanderzusetzen, eigene Fehler und Irrwege zu erkennen und von anderen lernen zu können.

1 Damit sich beide Geschlechter angesprochen fühlen, die Lesbarkeit des Textes jedoch gewahrt bleibt, verwende ich die männliche und weibliche Form alternierend.

Wie werde ich als Coach, Trainer oder Expertin erfolgreich?

Dieses Buch soll Ihnen vermitteln, wie Sie als Trainerin, Berater oder Coach erfolgreich in die Selbständigkeit starten. Sie erfahren, dass ein kleines Set an Fragen für Ihren Erfolg wesentlich ist und es von der Qualität Ihrer Antworten abhängt, wie viel Sie erreichen werden. Jedes Kapitel behandelt eine dieser Fragen und gibt Ihnen detaillierte Hilfestellungen, die Sie dabei unterstützen, Ihre persönlichen Antworten zu finden.

Gespannt? Dann legen Sie gleich los! Der folgende Überblick gibt Ihnen Orientierung, denn Sie müssen das Buch nicht von vorne nach hinten lesen. Steigen Sie einfach bei der Frage ein, die Ihnen momentan am meisten unter den Nägeln brennt.

Soll ich mich selbstständig machen?

Sind Sie unsicher, ob Sie sich selbstständig machen sollen? Wägen Sie die Vor- und Nachteile ab? Dann starten Sie am besten gleich hier. Lesen Sie, was Sie mitbringen müssen, damit Ihnen die Selbstständigkeit Spaß macht, welche Hoffnungen, Wünsche und Träume mit dieser Arbeitsform verbunden und welche davon realistisch sind.

Bevor Sie sich selbstständig machen, sollten Sie

- wissen, worauf Sie sich einlassen und ob Ihnen diese Arbeitsform entspricht
- sich überlegt haben, wie viel Sicherheit Sie benötigen und welche Art von Selbstständigkeit dazu passt.

Was will ich erreichen?

Erfolg wird in unserer Branche meist gleichgesetzt mit:

- vielen Klienten oder Seminarteilnehmern
- hohen Besucherzahlen auf der Webseite oder vielen Followern auf den sozialen Medien
- hohen Beraterhonoraren
- einem vollen Terminkalender
- einem Buch, das sich gut verkauft
- ...

Das mag schön und gut sein. Aber wer sagt, dass dies Ihre Vorstellung von Erfolg ist? Es wird Ihnen leichter fallen, als Selbstständige/r glücklich zu werden, wenn Sie

- für sich definiert haben, was Erfolg für Sie persönlich bedeutet
- darauf aufbauend klare Ziele und Pläne entwickeln
- sich bei den Tipps und Methoden in den weiteren Kapiteln immer wieder fragen, inwiefern diese zu Ihnen und Ihren Wünschen und Träumen passen.

Wer sind meine Klienten?

Wir können nicht jeden mit unserem Angebot oder unserer Dienstleistung beglücken und müssen daher eine Auswahl treffen. Wer soll zu Ihren Kundinnen oder Klienten gehören? Wen möchten Sie mit Ihrem Angebot erreichen? Für wen würden Sie morgens gerne aufstehen? Sie werden umso erfolgreicher sein:

- je mehr Ihnen Ihre Klienten und deren Anliegen am Herzen liegen
- je klarer Sie Ihre Zielgruppe definiert haben
- je besser Sie Ihre Zielgruppe und deren Probleme, Bedürfnisse und Wünsche kennen
- je mehr Sie sich auf Ihre Zielgruppe einlassen und deren Sprache sprechen.

Ihr Erfolg hängt wesentlich davon ab, ob eine bestimmte Gruppe von Klientinnen oder Kunden denkt: „Hey, das ist doch genau mein

Problem und genau die Lösung, die ich suche!“ Damit Sie gerne arbeiten, sollte die Zielgruppe zu Ihnen passen. Sie müssen sich mit den Schwierigkeiten und Wünschen Ihrer Klienten identifizieren können.

Was biete ich an?

Wenn Sie Ihre Klienten kennen, können Sie Ihr Angebot weiterentwickeln und stärker auf Ihre Zielgruppe ausrichten. Sie werden umso erfolgreicher sein,

- je mehr Ihr Angebot Ihrer Zielgruppe nützt
- je klarer Sie diesen Nutzen beschreiben können
- je besser das Preis-Leistungs-Verhältnis für Ihre Klienten ist
- je mehr sich der Auftrag für Sie rentiert.

Ihre Klienten sollten denken: „Wow! Das ist ein tolles Angebot. Wahnsinn, was der bietet!“ Bieten Sie mehr als erwartet – begeistern Sie Ihre Zielgruppe! Achten Sie aber darauf, dass Sie selbst nicht auf der Strecke bleiben. Sie können nur weiter wachsen und einen echten Mehrwert bieten, wenn Sie großzügig sind, ohne sich ausbeuten zu lassen. Hier bietet – wie Sie sehen werden – eine klare Spezialisierung immense Vorteile.

Wie trete ich auf?

Als Beraterin, Trainerin oder Coach verkaufen Sie sich selbst. Klienten gehen auf Ihre Webseite, lesen Ihren Flyer oder einen Blog-Artikel und stellen sich mehr oder weniger bewusst fast augenblicklich die Frage, ob sie Sie mögen und Ihnen vertrauen. Kunden sind bei diesen Fragen sehr kritisch. Sie fragen sich:

- Werde ich mich bei dieser Person so wohl fühlen und ihr so sehr vertrauen können, dass ich bereit bin, mit ihr über intime Dinge aus meinem Leben zu sprechen?
- Ist diese Person so kompetent, dass sich die Investition in Form von Zeit und Geld auszahlen wird?

Wie wichtig diese Fragen sind, merken Sie, wenn Sie die Webseiten anderer Coaches besuchen. Sie werden sehen, dass Sie nicht ab und zu, sondern häufig auf diese Fragen mit Nein antworten werden. Sie benötigen aber auf beide Fragen ein klares Ja, um das Angebot in Anspruch zu nehmen.

Sie werden umso erfolgreicher sein,

- je sympathischer Sie bestimmten Klientengruppen sind
- je mehr Sie Ihren potenziellen Kunden die Gelegenheit geben, Vertrauen zu Ihnen aufzubauen
- je kompetenter Sie wirken.

Sie wissen bereits, wie wichtig die Beziehung für den Erfolg eines Coachings oder einer Beratung ist. Damit genügend Klienten den Weg zu Ihnen finden, muss es Ihnen gelingen, diese Beziehung bereits ein Stück weit vor der Beratung, dem Coaching oder dem Training aufzubauen.

> *Eine gute Beziehung zu Klienten*
> *ist für den Erfolg des Marketings genauso wichtig*
> *wie für den Erfolg des Coachings!*

Wir werden darauf zurückkommen, denn Klienten wenden sich nur an Coaches und Expertinnen, die sie mögen, denen sie vertrauen und die sie als kompetent erachten. In diesem Kapitel erfahren Sie, wie Sie auch außerhalb Ihrer Sitzungen und Trainings eine gute Beziehung zu Ihrer Zielgruppe aufbauen.

Wie mache ich mich bekannt und wie spreche ich meine Zielgruppe an?

Es reicht nicht, Ihre Zielgruppe sorgfältig ausgewählt und für sie ein nützliches Angebot konzipiert zu haben – Ihre Klienten müssen auch wissen, dass Sie existieren! Sie werden umso erfolgreicher sein,

- je bekannter Sie in Ihrer Zielgruppe sind
- je besser Ihre Beziehung zur Zielgruppe ist
- je kostengünstiger Sie Ihre Zielgruppe erreichen

- je häufiger Sie weiterempfohlen werden
- je besser Sie vernetzt sind.

Sie müssen wissen, was gutes Marketing ausmacht, welche Marketingkanäle Sie für die Kundenansprache verwenden möchten und wie Sie diese professionell nutzen. Gerade bei diesem Faktor sollten Sie Ihre Stärken ausspielen. Wenn Sie gut telefonieren und verkaufen können: Rufen Sie potenzielle Auftraggeber an. Wenn Sie gut schreiben können und dies gerne tun: Bloggen Sie, schreiben Sie Artikel oder ein Buch. Wenn Sie gut reden können: Halten Sie Vorträge, starten Sie einen Podcast oder nehmen Sie sich auf Video auf und stellen Sie kurze Filme ins Netz! Wenn Sie gerne unter Menschen sind: Vernetzen Sie sich und nutzen Sie Plattformen wie LinkedIn, Facebook, Instagram oder Messen für Ihr Networking und mögliche Kooperationen. Lesen Sie in diesem Kapitel, wie Sie zu einem für Sie stimmigen und wirksamen Marketing-Mix gelangen.

Welche Einstellung benötige ich, um Erfolg zu haben?

Viele Selbstständige bleiben deutlich unter ihren Möglichkeiten, weil ungünstige Einstellungen sie daran hindern, Erfolg zu haben. Sehr häufig treffe ich auf etwas, das man als „Ich-bin-nicht-gut-genug-Syndrom“ bezeichnen könnte.

Leiden Sie unter diesem „Syndrom“, haben Sie ständig das Gefühl, dass Sie noch nicht genug wissen oder noch nicht genügend ausgebildet sind, um loszulegen. Sie besuchen eine Weiterbildung nach der anderen – und dennoch will sich das ersehnte Gefühl der Sicherheit nicht einstellen. Vielleicht haben Sie auch ein Problem mit dem Wert Ihrer Dienstleistung und es fällt Ihnen schwer, dafür einen angemessenen Preis zu verrechnen. Diese Unsicherheit spüren Ihre Kunden und drücken Ihren Preis munter weiter nach unten. Sie werden deutlich erfolgreicher, wenn Sie sich diese hinderlichen Einstellungen bewusst machen und sie gezielt verändern. Machen Sie sich in diesem Kapitel die Sicht- und Vorgehensweisen gut gebuchter Coaches und Trainerinnen zu eigen:

- Experimentieren Sie und legen Sie los, auch wenn noch Unsicherheiten vorhanden sind. Sie werden nur dann schwimmen lernen, wenn

Sie sich nass machen. Sie werden sich nach und nach kompetenter fühlen, wenn Sie genügend Praxiserfahrung sammeln – nicht durch die nächste Weiterbildung.

- Stehen Sie zu Ihrem Preis und lassen Sie sich nicht herunterhandeln. Lehnen Sie Aufträge von unfreundlichen Kunden ab – sogar wenn Sie glauben, sich dies nicht leisten zu können. Falls Sie jemandem einen Preisnachlass gewähren, tun Sie dies aus eigenem Antrieb und nicht, weil Sie sich haben verunsichern lassen.

Je mehr Sie sich Ihrer hinderlichen Denkmuster oder Glaubenssätze in Bezug auf die Selbstständigkeit und das Marketing bewusst werden, desto weniger stehen Sie sich selbst im Weg.

Wie bewältige ich die zunehmende Arbeit?

Wenn es Ihnen gelingt, für Ihre Zielgruppen attraktive Angebote zu erstellen, diese gut zu vermarkten und zu verkaufen, wird Ihr Unternehmen wachsen. Sie werden immer mehr Anfragen für Seminare, Coachings, Vorträge, Interviews und Kooperationen erhalten. Das ist schön – und gefährlich! Bei vielen Selbstständigen wächst das Geschäft, bis es ihnen über den Kopf wächst. Die Arbeitstage werden länger, der Stress nimmt zu und die Fehler häufen sich. Häufig endet eine Erfolgsspirale in einem Burn-out. Spätestens wenn Ihr Geschäft anfängt zu wachsen, sollten Sie sich darüber Gedanken machen, wie Sie arbeiten. Sie werden deutlich erfolgreicher sein, wenn Sie

- klar definieren, welche Aufgaben, Kunden und Angebote Priorität haben, und sich vorrangig um diese kümmern
- Aufgaben, die nicht Ihren Stärken entsprechen oder wenig zum Wert Ihres Unternehmens beitragen, delegieren
- Aufträge, die Ihr Angebot verwässern und viel Zeit beanspruchen, ablehnen
- Abläufe standardisieren oder automatisieren
- ähnliche Aufgaben gruppieren
- Abläufe und Aufgaben laufend vereinfachen
- sich regelmäßig von allen Aufgaben, Dienstleistungen etc. befreien, die wenig zum Erfolg beitragen.

Ihr Tag hat nur 24 Stunden, und wenn Sie neben Schlafen und Arbeiten noch für anderes Zeit haben möchten, müssen Sie sich mit zunehmendem Erfolg immer öfter die Frage stellen: „Was will ich (persönlich) nicht mehr tun?" Sie müssen lernen, Prioritäten zu setzen, Aufgaben zu delegieren und Nein zu sagen. Dieses Kapitel zeigt Ihnen, wie Sie in weniger Zeit und mit weniger Aufwand mehr erreichen.

Woran sollte ich aktuell arbeiten?

Wenn Sie noch ganz am Anfang stehen, kann es sein, dass Sie nach der Lektüre dieses Buches den Wald vor lauter Bäumen nicht mehr sehen. Vielleicht fühlen Sie sich jetzt von den vielen Möglichkeiten, an Ihrem Geschäft zu arbeiten, überfordert. Das letzte Kapitel dient daher der Orientierung. Es wird Sie dabei unterstützen, Prioritäten zu setzen und die nächsten Schritte zu planen.

Soll ich mich wirklich selbstständig machen?

Ob die Selbstständigkeit für Sie die richtige Arbeitsform ist, hängt von verschiedenen Faktoren ab. Je nachdem, aus welchen Gründen Sie diesen Schritt wagen und welche Motive, Stärken und Schwächen Sie aufweisen, können Sie die Selbstständigkeit als große Freiheit oder puren Stress empfinden. Je genauer Sie sich selbst und die Vor- und Nachteile dieser Arbeitsform kennen, desto besser können Sie Ihre Arbeitsweise darauf ausrichten und eine Form der Selbstständigkeit wählen, die Ihnen entspricht - oder sich dazu entscheiden, teilweise oder ganz angestellt zu bleiben.

Bei mir entwickelte sich der Wunsch, mich selbstständig zu machen, durch einen Zufall. Ich war Student und beschäftigte mich mit den Themen Prüfungsstress, Prüfungsvorbereitung und Produktivität. Dazu bot ich während des Studiums Trainings für andere Studierende an, um erste Beratungserfahrungen zu sammeln. Während der Ferien, die ich mit meiner Frau Maya in München verbrachte, stöberte ich in einer großen Buchhandlung nach Titeln zu diesen Themen. Ich kaufte - wie so oft - einen ganzen Stapel. Neben der Kasse lag eine Kiste mit Büchern, die stark reduziert waren. Als ich bereits beim Zahlen war, sah ich, dass eines den Titel *Auf der Suche nach Spitzenleistungen* trug (Peters & Waterman, 2003). Bevor die Verkäuferin alles eingetippt hatte, griff ich zu und legte es auf meinen Stapel, ohne es mir genauer anzusehen. Auf der Rückfahrt in die Schweiz las ich den Klappentext und war überrascht: „Du, Maya - das hat nichts mit Produktivität oder Effektivität bei der Arbeit zu tun, da gehts um Firmen. Nun, mal sehen, vielleicht steht etwas Spannendes drin. Falls nicht, ist es auch nicht schade um die drei Euro."

Ich konnte es während der ganzen Fahrt nicht mehr aus der Hand legen! Selten hat mich ein Buch dermaßen gefesselt. Thomas Peters und

Robert Waterman beschreiben darin eine Studie, die sie durchführten, als sie für das bekannte Beratungsunternehmen McKinsey arbeiteten. Sie verglichen einige Spitzenunternehmen mit einer Vergleichsgruppe von ebenfalls großen, aber weniger erfolgreichen Firmen. Die Unterschiede, die sie fanden, inspirierten mich. Die besonders erfolgreichen Unternehmen schienen einfachen Maximen zu folgen. Sie unterschieden sich offenbar insbesondere dadurch von den anderen, dass sie das umsetzten, was bei den anderen Firmen nur ein Lippenbekenntnis blieb. Erfolgreiche Firmen hörten ihren Kunden besser zu und entwickelten dadurch Lösungen, die einen höheren Nutzen versprachen. Sie wiesen eine klare Identität auf, die sie durch ihre Firmenkultur lebten, und achteten darauf, nur solche Mitarbeiter zu beschäftigen, die die Werte des Unternehmens ebenfalls vertraten und lebten. Diese wiederum behandelten sie nicht nur als Angestellte, sondern als Teammitglieder, in die sie investierten, die sie schulten und ernst nahmen. Produktive Firmen waren weniger bürokratisch organisiert, weniger verkopft und experimentierten häufiger – auch auf das Risiko hin, Fehler zu machen.

Ich träumte auf der Zugfahrt davon, wie inspirierend es sein müsste, ein kleines Unternehmen aufzubauen. Fast war ich neidisch auf meine Frau, die sich gleich zu Beginn unserer Beziehung im Alter von zwanzig Jahren als Mal- und Zeichenlehrerin selbstständig gemacht und ein Atelier eröffnet hatte. Ich fand es wunderbar, ihr dabei helfen zu dürfen – aber nun war ich bei der Datenauswertung für meine Abschlussarbeit, brütete über Statistikbüchern und hätte gerne mit ihr getauscht. Der Traum blieb noch ein Traum ...

Ein Jahr darauf – kurz vor Abschluss meines Studiums – reisten Maya und ich nach Rom. Nach einem spannenden Tag setzten wir uns mit müden Beinen und brennenden Fußsohlen in ein Restaurant. Sofort nahm uns das Ambiente gefangen: das warme Kerzenlicht, die dunklen, rustikalen Tische aus Massivholz, die handgeflochtenen Brotkörbe. Die Karte war schlicht: verschiedene Gerichte mit Mozzarella, Parmaschinken, Oliven und anderen Spezialitäten aus der Umgebung. Wir bestellten den Hauswein, der wunderbar schwer auf der Zunge lag und nach Eichenholz schmeckte – oder zumindest nach dem, was ich mir unter Eichenfassgeschmack vorstellte.

Wir saßen da, genossen den Büffelmozzarella, das warme Bauernbrot, scharfe Oliven und den dick geschnittenen Parmaschinken. Ich dachte an mein Studium, das sich dem Ende zuneigte. Es war eine wunderbare Zeit gewesen. Aber ich wusste nicht, was ich danach tun wollte. Plötzlich sah ich Maya an: „Wenn ich die Wahl hätte, Professor oder Psychotherapeut zu werden oder ein solches Restaurant in der Schweiz zu eröffnen – ich würde das Restaurant wählen." Damit war es entschieden: Ich werde mein eigenes Unternehmen gründen. Natürlich wollte ich es mit den Inhalten meines Studiums verbinden – schließlich war ich fasziniert von der Psychologie.

So fieberte ich dem Ende des Studiums entgegen, um endlich loslegen zu können. Zum Glück wusste ich damals noch nicht, welche Schwierigkeiten auf mich zukommen würden. Ich denke heute, dass ich die schwierigeren Zeiten auch deshalb durchgestanden habe, weil für mich die Vorteile eines eigenen Unternehmens die Nachteile mehr als aufwogen – ja, weil ich sogar das Gefühl hatte, dass eine freie Arbeitsform für mich die einzig richtige ist.

Was sind Ihre Gründe, sich selbstständig zu machen?

Menschen machen sich aus den verschiedensten Gründen selbstständig. Wie Umfragen (z.B. Amway, 2010) zeigen, spielt dabei der Wunsch nach Unabhängigkeit, Eigeninitiative und Selbstverwirklichung die bedeutsamste Rolle. Tatsächlich bietet die Selbstständigkeit die Möglichkeit, selbstbestimmt eigene Ziele zu verwirklichen.

Doch gibt es auch Schattenseiten, die eng mit diesen Vorteilen verknüpft sind – es handelt sich somit um die sprichwörtlichen zwei Seiten der Medaille.

Nutzen Sie dieses Kapitel, um in sich hineinzuhorchen. Was spricht Sie an? Wo zieht sich Ihnen der Magen zusammen? Fragen Sie sich, ob die Vorteile, die Sie in der Selbstständigkeit sehen, ausreichen, um Krisen, Stress und Schwierigkeiten zu überstehen. Befassen Sie sich mit Ihren inneren und äußeren Hindernissen, tragen Sie diesen Rechnung und fragen Sie sich, wie Sie damit umgehen können. Als Coach oder Trainer kennen Sie viele Lösungsmöglichkeiten – machen Sie davon Gebrauch.

Willkommen, Freiheit!

Endlich selbstständig: „Freiheit, Flexibilität und Unabhängigkeit, ich komme!" Die Möglichkeit, sein eigenes kleines Unternehmen wachsen und gedeihen zu sehen, lockt jedes Jahr Tausende in die Selbstständigkeit. Ich selbst genieße diese Vorteile sehr – insbesondere seit ich Vater bin. Jedoch: Die Schattenseiten dieser Freiheit lassen meist nicht lange auf sich warten. Nun sagt Ihnen zwar niemand mehr, was Sie tun müssen – es sagt Ihnen aber auch niemand mehr, was Sie tun sollten oder könnten –, und damit wächst die Unsicherheit. Es ist nicht so, dass Sie nun schalten und walten können, wie Sie möchten. Sie haben einen neuen Chef, der viel brutaler sein kann als jeder Bürotyrann. Ihr neuer Vorgesetzter ist der Markt. Und dem sind Ihre Gefühle gleichgültig.

Als angestellte Trainerin eines Unternehmens sind Sie einer bestimmten Vorgehensweise verpflichtet. Vielleicht müssen Sie sogar vorgefertigte Foliensätze verwenden. Das mag einengend sein. Der Vorteil besteht darin, dass Sie am Morgen kommen können und Ihre Seminarteilnehmerinnen bereits auf Sie warten.

Als selbstständige Trainerin können Sie Ihr Thema selbst wählen und das Seminar nach Ihren Wünschen gestalten. Sie können zudem selbst bestimmen, welche Kunden Sie gewinnen möchten. Eine ganze Ecke mehr Freiheit! Das Problem dabei ist, dass Kunden Sie nur buchen, wenn sie gehört haben, dass Ihre Seminare wertvoll seien. Ihre Kunden können sich jederzeit an einen anderen Anbieter wenden, wenn sie das Gefühl haben, dass er etwas Besseres zu bieten hat. In diesem Fall werden Sie nicht bezahlt. Viel mehr als angestellte Kollegen müssen Sie daher in der Lage sein, auf die Bedürfnisse anderer achtzugeben und auf deren Wünsche einzugehen, um Erfolg zu haben. Größere Freiheit bezahlen wir somit fast automatisch mit größerer Unsicherheit. Als Selbstständige müssen wir uns immer wieder fragen:

- Woran arbeite ich heute?
- Welche Ziele verfolge ich?
- Was kann ich tun, um mehr Klienten zu gewinnen?
- Was will ich anbieten?
- Wie und wo schreibe ich mein Angebot aus?
- Lohnt sich der Aufwand für dieses Projekt?

Das kann ermüdend sein – und zu Frust und Angst führen, wenn Sie keine Antworten finden oder sich diese als falsch erweisen. Geht es Ihnen wie manchen Profi-Coaches, die berichten, dass sie nur den notwendigen Durchhaltewillen hatten, um in diesem Beruf erfolgreich zu werden, weil sie sich gesagt haben: „Nie wieder angestellt! Und wenn ich jeden Tag Pasta essen und in einer Einzimmerwohnung leben muss!"? Oder sind vorsichtige Schritte für Sie das Richtige? Gibt es die Möglichkeit, angestellt zu bleiben und Ihr Pensum zu reduzieren, um ein oder zwei Tage in die Selbstständigkeit investieren zu können?

Meine Frau und ich waren zu Beginn unserer Selbstständigkeit beide noch in Teilzeit angestellt. Es war uns wichtig zu wissen, dass am Monatsende genügend Geld da ist, um die notwendigsten Ausgaben zu decken. Das hat uns einige emotionale Achterbahnfahrten erspart. Irgendwann kam aber der Moment, wo es galt, loszulassen. Wir merkten beide zu unterschiedlichen Zeitpunkten, dass unser jeweiliges Unternehmen stagniert, wenn wir nicht mehr Zeit dafür aufwenden können. Ermutigt durch erste Erfolge und das Wissen, dass das Potenzial da ist, wagten wir den Sprung.

Ich sehe Menschen, die geradezu waghalsig in die Selbstständigkeit starten und dabei Kopf und Kragen riskieren. Ich sehe aber auch Coaches und Trainerinnen, die zu vorsichtig sind, keine Risiken eingehen wollen und dadurch weder genügend Engagement entwickeln noch genug Zeit und Geld investieren, um ihr Geschäft zum Laufen zu bringen. Wie groß ist Ihr Sicherheitsbedürfnis? Wie groß der Wunsch nach Freiheit? Könnte Ihr Mut dazu führen, dass Sie zu viel riskieren? Oder könnte Sie Ihr Wunsch nach Sicherheit so weit blockieren, dass er Sie am Erfolg hindert?

Freiheit erfordert Selbstdisziplin

Sie träumen von freier Zeiteinteilung und Home-Office-Tagen? Die Selbstständigkeit kann Ihnen genau das bieten. Sie entscheiden, wann Sie aufstehen, mit der Arbeit beginnen und wie Sie Ihren Tag gestalten. Die Kehrseite davon ist: Sie müssen sich selbst motivieren und disziplinieren! Viele Coaches, die sich selbstständig machen, haben damit große Probleme. Einige können sich nicht motivieren, überhaupt zu arbeiten, andere – die meisten – schieben Tätigkeiten, für die sie sich nicht gewappnet fühlen oder die in ihnen Unsicherheiten und Unwohlsein auslösen, immer wieder vor sich her und erledigen stattdessen Dinge, die ihnen leichter fallen. Diese Coaches und Trainerinnen würden gerne jemanden coachen oder ein Seminar anbieten, aber sie können sich nicht überwinden, potenzielle Kunden anzurufen oder endlich eine Webseite zu erstellen. Sind wir angestellt, erledigen wir einfach unseren Job. Ein Autoverkäufer, der in einem Autohaus arbeitet, verkauft sieben bis acht Stunden täglich Fahrzeuge. Er führt ein Verkaufsgespräch nach dem anderen – ob ihm danach ist oder nicht.

Stellen Sie sich vor, Sie würden an jedem Tag, an dem Sie keine Termine haben, sieben Stunden damit zubringen, potenzielle Klienten anzurufen, Ihre Webseite zu pflegen, interessante Inhalte in Form von Blogposts oder eines Podcasts aufzubereiten und diese über die sozialen Medien zu verbreiten: Sie wären wahrscheinlich innert kürzester Zeit ausgebucht! Den Profis unter den Coaches und Trainerinnen gelingt genau das: Wenn Sie nicht coachen oder Seminare leiten, sorgen sie dafür, dass neue Klienten den Weg zu ihnen finden. Falls Sie nun glauben, es mangele Ihnen an Selbstdisziplin, müssen Sie nicht gleich die Flinte ins Korn werfen! Ich selbst bin alles andere als diszipliniert. Ich kann kleinste Tätigkeiten, die mir unangenehm sind, wochenlang vor mir herschieben – und sei es etwas so Banales, wie einen Brief auszudrucken und zur Post zu bringen. Falls Sie ähnlich ticken, können Sie meinen Weg gehen: Finden Sie Möglichkeiten, unliebsame Aufgaben gerne zu tun. Orientieren Sie sich an Ihren Stärken, delegieren Sie Aufgaben, die Ihnen schwerfallen, und geben Sie sich von Zeit zu Zeit einen Tritt in den Hintern, um eine wichtige Sache abzuschließen. In diesem Buch werden Sie erfahren, dass Marketing und Verkauf als Coach, Trainerin oder Expertin eine spannende und schöne Tätigkeit ist und viele Aufgaben nicht von Ihnen selbst übernommen werden müssen.

Gewinn statt Lohn

Als Selbstständige hängt es alleine von Ihnen ab, wie viel Sie verdienen. Das kann motivierend sein und Sie dazu antreiben, Ihr Bestes zu geben. Ein hohes Einkommen kann Ihnen das Gefühl geben, eine wertvolle Dienstleistung anzubieten, und zu Stolz und Zufriedenheit führen. Auf der anderen Seite bedeutet ein kümmerliches Einkommen für Selbstständige nicht nur, dass sie sich vieles nicht leisten können – es kann auch Selbstwertkrisen auslösen. „Warum kauft niemand meine Dienstleistung?“ „Was mache ich falsch?“ – Solche Gedanken haben mich jahrelang begleitet.

Als Freiberuflerin werden Sie sich viel öfter als Gewinnerin oder Verliererin fühlen als Angestellte. Sie werden sich über Erfolge stärker freuen können – weil es Ihre Erfolge sind. Auf der anderen Seite treffen Sie Misserfolge mit voller Härte. Hat man – um das Bild nochmals wachzurufen – als angestellter Autoverkäufer den ganzen Tag Verkaufsgespräche geführt und nichts verkauft, ist man ein wenig enttäuscht über das Ausbleiben der Provision. Haben Sie als Selbstständige den ganzen Tag potenziellen Kunden hinterhertelefoniert und keinen einzigen Auftrag erhalten, kann dies niederschmetternd sein und Gefühle der Hilflosigkeit auslösen. Zudem sieht diese leistungsabhängige Bezahlung bei der Mehrzahl der Selbstständigen so aus, dass sie mehr für weniger Geld leisten müssen als Angestellte. Die wenigen Top-Coaches, -Trainer und -Expertinnen, die deutlich mehr verdienen, machen einen geringen Prozentsatz aus. Es ist hilfreich, sich innerlich darauf vorzubereiten, dass Sie Durststrecken werden überwinden müssen. Fragen Sie sich: Bin ich auf Misserfolge vorbereitet? Verfüge ich über finanzielle Reserven oder einen Teilzeitjob, der mich finanziert, falls der Erfolg auf sich warten lässt? Habe ich ein soziales Netz, das mich auffängt, wenn ich mich zu sehr infrage stelle? Stehen wichtige Personen – zum Beispiel die Partnerin oder der Partner – hinter meiner Entscheidung? Nutzen Sie die Übung am Ende dieses Kapitels, um darauf Antworten zu finden.

Höhere Anforderungen

Die Anforderungen, denen sich Selbstständige gegenübersehen, sind oft deutlich höher als bei Angestellten – und dies auf mehreren Ebenen. Ihre Kernleistung, Ihre Seminare oder Coachings, sind ständig auf dem Prüfstand. Jede Klientin, jeder Kunde wird sich fragen, ob Ihre Leistung das investierte Geld wert ist. Damit Sie weiterempfohlen oder nächstes Jahr wieder eingeladen werden, reicht eine mittelmäßige Leistung meist nicht aus.

Oft erhalte ich E-Mails mit dem folgenden Wortlaut:

Lieber Herr Grolimund

Wir haben die Evaluationsbögen zu Ihrem Seminar ausgewertet. Die Seminarteilnehmer haben Ihr Seminar sehr geschätzt – die Rückmeldungen waren äußerst positiv! Gerne würden wir Sie für das nächste Jahr wieder für ein Seminar verpflichten. Würde es Ihnen am folgenden Termin passen: …

Herzliche Grüße

Es ist schön, solche Rückmeldungen zu erhalten. Aber das Gefühl, ständig evaluiert zu werden, kann auch belastend sein. Veranstalter oder Klienten interessiert es nicht, ob Sie gerade einen schlechten Tag haben, krank oder übermüdet sind: Sie erwarten vollen Einsatz und eine gute Leistung.

Auf der anderen Seite sollten Selbstständige nicht nur ihr Kerngeschäft beherrschen – Sie sollten auch wissen, wie man das Geschäft führt, das diese Leistung anbietet. Ein angestellter Trainer kann sich darauf konzentrieren, seine Seminare anzubieten. Die Marketingabteilung sorgt für den nötigen Zustrom an Kunden, das Sekretariat nimmt die Anmeldungen entgegen, die Buchhaltung kontrolliert die Zahlungseingänge und erstellt am Ende des Jahres die Gewinn-Verlust-Rechnung. Wird ein neuer Mitarbeiter eingestellt, führt die Personalabteilung das Einstellungsgespräch und sorgt dafür, dass alle Formalitäten erledigt werden. Als Selbstständige müssen Sie all dies entweder selbst tun oder sich zumindest genügend Kenntnisse in diesen Bereichen erarbeiten, um sie verantwortungsvoll delegieren zu können. Diese Rollenvielfalt, gepaart mit der Herausforderung, eine hervorragende Leistung erbringen zu müssen, trägt für mich viel zur Attraktivität der Selbstständigkeit bei. Sie zwingt mich immer wieder, mich mit mir und meiner Arbeit auseinanderzusetzen und mich weiterzuentwickeln. Ich will aber nicht verschweigen, dass ich mich manchmal überfordert und von der Vielfalt erschlagen fühle.

Viele Selbstständige leiden unter dem ständigen Druck, fühlen sich ausgelaugt und schaffen es trotz immenser Anstrengungen und längerer Arbeitszeiten nicht, auf einen grünen Zweig zu kommen. Die Wahrscheinlichkeit, trotz hohen persönlichen Einsatzes zu scheitern, ist groß. Zu diesem Punkt möchte ich Ihnen Folgendes mitgeben: Holen Sie sich alle Hilfe, die Sie sich organisieren können. Lesen Sie Bücher, arbeiten Sie mit einem Coach an der Lösung Ihrer inneren Blockaden, lassen Sie sich von Experten zu verschiedenen Fragestellungen beraten, lassen Sie Arbeiten, mit denen Sie sich schwertun, von externen Dienstleistern erledigen und beginnen Sie früh, eine Hilfskraft auf Stundenbasis einzustellen, die Ihnen einige Aufgaben abnimmt.

Fragen Sie sich: Wie gehe ich mit Druck um? Bringen hohe Anforderungen das Beste in mir zum Vorschein oder zieht sich mir beim Lesen der letzten Abschnitte der Magen zusammen?

Übung

In diesem Kapitel haben Sie einige Sonnen- und Schattenseiten der Selbstständigkeit kennengelernt. Vielleicht haben Sie sich bereits während des Lesens Gedanken darüber gemacht, was es für Sie bedeuten würde, diesen Schritt zu wagen – oder Sie sind bereits (teil-) selbstständig und haben sich beim Lesen der letzten Seiten gefragt, wie Sie Ihren Arbeitsalltag erleben und ob die Vor- oder Nachteile für Sie überwiegen.

Nehmen Sie sich einen Moment Zeit. Notieren Sie für sich, welche Vorteile Ihnen am meisten bedeuten und welche Nachteile Ihnen Sorgen bereiten.

Darauf freue ich mich als Selbstständige/r am meisten:

1. ______________________________

____

2. ______________________________

____

3. ______________________________

____

Die folgenden Nachteile und Hindernisse bereiten mir Sorgen, wenn ich an meine Selbstständigkeit denke:

1. ____

____

2. ____

____

3. ____

____

Überlegen Sie nun, was Sie tun könnten, um Ihre Sorgen zu reduzieren. Können Sie sich Hilfe organisieren? Wäre es besser, Teilzeit weiterzuarbeiten, um weiterhin ein sicheres Einkommen zu generieren? Wäre ein persönliches Coaching oder ein Seminar eine Antwort auf bestimmte Unsicherheiten? Schreiben Sie hier auf, wie Sie Ihren drei Hauptsorgen Rechnung tragen möchten:

1. ____

____

____

2. ____

____

____

3. ____

____

____

Nicht sehr motivierend, Herr Grolimund …

Eine Leserin, der ich das Manuskript zu diesem Buch vorab zugeschickt hatte, war von diesem Kapitel irritiert. Sie hatte sich „eine Motivationsspritze" erhofft und fand es sonderbar, wie viel Raum den Nachteilen der Selbstständigkeit eingeräumt wird. Viele andere Bücher zu diesem Thema ermutigen Sie dazu, sich als Coach selbstständig zu machen. Sie preisen diese Arbeitsform in höchsten Tönen und motivieren die Leser mit dem Versprechen, alles sei ganz einfach, wenn man nur mit Mut und Herz bei der Sache sei und die richtigen Methoden oder die jeweils empfohlene Abfolge von Schritten einsetze. Manche versteigen sich sogar zur Behauptung, dass sie als Coach oder Expertin relativ einfach Millionen scheffeln könnten (z. B. Burchard, 2011; Chandler & Litvin, 2013). Diese Bücher verkaufen sich gut. Gleichzeitig wirken sie während des Lesens motivierend. Sie vermitteln Ihnen das Hochgefühl: Alles ist möglich – du musst es nur wollen!

Auch viele Motivationstrainer im deutschsprachigen Raum setzen auf große, motivierende Ziele. Klienten werden darum gebeten, sich ihre Träume in allen Farben auszumalen und daraus ihre Motivation zu ziehen. Gabriele Oettingen widmete ihr gesamtes Forscherleben der Frage, wie wir unsere Träume verwirklichen können. Sie untersuchte zunächst, welchen Effekt es hat, sich seinen Träumen hinzugeben und die Erfüllung von Wünschen zu imaginieren. Sie leitete übergewichtige Frauen dazu an, sich bildlich auszumalen, wie sie sich nach dem Diätprogramm fühlen und verhalten würden. Bewerber auf Jobsuche sollten sich vorstellen, wie sie im Bewerbungsgespräch brillierten, und Studierende sollten ihren Prüfungserfolg gedanklich vorwegnehmen. Entgegen ihren ursprünglichen Erwartungen zeigte sich in jeder einzelnen Studie: Je positiver die Fantasien der Teilnehmer waren, desto weniger strengten sie sich an. Sie nahmen weniger ab, fanden seltener eine Stelle und schrieben schlechtere Noten (vgl. Oettingen, 2014; Oettingen & Mayer, 2002).

Weshalb können uns positive Fantasien (nicht zu verwechseln mit begründetem Optimismus, der auf Erfahrungen beruht!) daran hindern, unsere Ziele zu erreichen? Oettingen und ihr Team fanden heraus, dass sich unser Körper durch dieses Imaginieren messbar entspannt: Der systolische Blutdruck sinkt bereits nach wenigen Minuten. Das fühlt sich gut an und ist ein wunderbares Mittel, um Stress abzubauen. Es nimmt uns jedoch die Energie, die wir bräuchten, um ins Handeln zu kommen. Wir gaukeln unserem Gehirn vor, bereits am Ziel zu sein – und schwächen damit die Motivation, uns auf den Weg zu machen (vgl. Kappes & Oettingen, 2011). Gleichzeitig haben wir beim Träumen die Tendenz, Hindernisse auszublenden. Treten diese in der Realität auf, sind wir nicht auf sie vorbereitet – und geben vorschnell auf. Die Forscherin konnte zeigen, dass wir mehr erreichen, wenn wir nicht nur von einer positiven Zukunft träumen, sondern uns gleichzeitig mit den Hindernissen auf dem Weg dorthin befassen. Sie bezeichnet dieses Vorgehen als mentales Kontrastieren und konnte mehrfach belegen, dass es beim Erreichen anspruchsvoller Ziele hilfreich ist. Damit befassen wir uns im nächsten Kapitel genauer.

Was will ich erreichen?

In diesem Kapitel geht es um Ihre Wünsche und Ziele. Ich möchte die Frage „Was will ich erreichen?“ etwas anders angehen als üblich. Ich werde Sie daher nicht dazu auffordern, sich ihr Begräbnis vorzustellen, Fünf-Jahres-Pläne aufzuschreiben oder SMARTe Ziele zu formulieren. Dies alles ist hilfreich – aber Ihnen als Trainerin oder Coach mit Sicherheit bekannt. Stattdessen möchte ich Ihren Blick für den Alltag schärfen. Im Laufe der Zeit habe ich festgestellt, dass es für mich weniger bedeutsam ist, welche Meilensteine ich erreicht habe oder wie viel ich verdiene, sondern wie ich meinen Alltag gestalten kann. Erfolg zu haben bedeutet für mich in erster Linie, mich auf die Arbeit zu freuen und mich ohne Stress und Druck erfüllenden Aufgaben widmen zu dürfen.

Falls dies bei Ihnen ähnlich ist, möchte ich Sie dazu anregen, sich immer wieder die Frage zu stellen: „Wie habe ich meinen Tag verbracht und wie hätte ich ihn verbringen wollen?“ Achten Sie dabei auf Ihren Energiehaushalt. Gerade wenn wir Ziele definieren und uns mit unseren Wunschen befassen, machen wir uns vor, unendlich viel Zeit zu haben. Meistens überlegen wir nur, was wir in Zukunft alles auf die Beine stellen möchten. Die To-do-Liste wächst und wir hetzen unseren Träumen hinterher. Möchten Sie etwas Neues erreichen, müssen Sie für die damit verbundenen Tätigkeiten Platz schaffen – es sei denn, Sie lümmeln die meiste Zeit des Tages gelangweilt auf dem Sofa herum.

Brian Tracy (2016) bringt es auf den Punkt, wenn er schreibt, dass es nur vier Wege gibt, um etwas zu verändern. Sie können

1. mit etwas Neuem beginnen
2. etwas öfter tun

3. etwas seltener tun
4. etwas nicht mehr tun.

Hier gilt es eine Balance zu finden. Bestehen die meisten Veränderungen in Ihrem Leben darin, etwas Neues anzufangen oder sich vorzunehmen, bestimmte Dinge öfter zu tun, baut sich zusehends Druck und Stress auf. Es wächst das Gefühl, Ihr Leben sei vom Wort „müssen“ geprägt. Für Erholung, Muße, Schönes und Geselligkeit bleibt zusehends weniger Raum. Achten Sie daher bereits beim Formulieren von Zielen darauf, konsequent auszumisten und sich immer wieder zu fragen, was Sie seltener oder nicht mehr tun möchten. Falls Sie sich momentan überlastet fühlen, könnten Sie sich darauf konzentrieren, im nächsten halben Jahr ausschließlich Ziele zu verfolgen, die darin bestehen, bestimmte Dinge seltener oder nicht mehr (selbst) zu tun.

Manchmal schmerzt es, bestimmte Dinge loszulassen, weil es sich nach Rückschritt anfühlt. Bald werden Sie jedoch merken, wie viel effektiver und effizienter Sie werden, wenn Sie Raum und Zeit schaffen, um sich auf wenige, wichtige Tätigkeiten zu fokussieren. Sie lernen in den folgenden Kapiteln, insbesondere im Kapitel „Wie werde ich produktiver?“ Strategien kennen, mit deren Hilfe Sie Ihren Arbeitsaufwand drastisch reduzieren können. Lassen Sie sich beim Formulieren Ihrer Ziele und Wunschtage nicht bereits im Vorfeld von „Das geht nicht!“-Gedanken blockieren. Schreiben Sie Ihre Ziele mutig auf – und nutzen Sie die folgenden Kapitel, um zu überprüfen, ob sich auch gewagte Zielsetzungen nicht doch erreichen lassen.

Gehen Sie in Gedanken Ihren momentanen Arbeitsalltag durch. Schauen Sie in Ihren Kalender: Was haben Sie gemacht? Womit haben Sie Ihre Zeit verbracht? Was gefällt Ihnen? Bei welchen Tätigkeiten fühlen Sie sich wohl? Was überfordert Sie? Wozu müssen Sie sich immer wieder zwingen? Was nimmt zu viel Zeit in Anspruch und was kommt zu kurz?

Wie würde Ihr Wunschtag oder Ihre Wunschwoche aussehen? Wie stellen Sie sich einen Arbeitstag in fünf Jahren vor, wenn Sie Ihren Träumen ein großes Stück nähergekommen sind?

Fragen Sie sich:
– Was möchte ich nicht mehr tun?

  - Welche Seminare und Vorträge möchte ich nicht mehr anbieten?
  - Welche Kunden oder Klienten möchte ich nicht mehr bedienen?
- Was möchte ich seltener tun?
  - Mit welchen Personen möchte ich den Kontakt reduzieren?
  - Um welche Zielgruppen möchte ich mich weniger bemühen?
  - Welche Angebote möchte ich nur noch auf Anfrage anbieten und nicht mehr bewerben?
  - Welche Marketing- und Werbeinstrumente möchte ich seltener einsetzen?
  - Welche Tätigkeiten machen mir keinen Spaß und sollten daher reduziert oder delegiert werden?
- + Wofür möchte ich mehr Zeit einsetzen?
  - + Welche Marketingmittel möchte ich öfter einsetzen?
  - + Mit welchen Zielgruppen oder Kooperationspartnern möchte ich die Zusammenarbeit intensivieren?
  - + Für welche Tätigkeiten hätte ich gerne mehr Zeit?
- + Was möchte ich Neues tun?
  - + Welches neue Projekt möchte ich beginnen?
  - + Welches Thema möchte ich in Zukunft aufnehmen?
  - + Gibt es eine Zielgruppe, die ich in Zukunft bedienen möchte?

Bei mir sahen die Antworten vor einigen Jahren wie folgt aus:
- Das möchte ich seltener oder nicht mehr tun:
  - Seminare und Vorträge zu Themen halten, die nicht meinen Kernthemen entsprechen
  - E-Mails
  - Telefonate
  - administrative Arbeiten bzw. Organisation
- + Das möchte ich häufiger tun oder neu beginnen:
  - + Schreiben von Artikeln und Büchern
  - + Positionierung ausbauen
  - + Seminare zu meinen Kernthemen entwickeln und laufend verbessern
  - + Eine Lerncoaching-Weiterbildung entwickeln und anbieten

Vielleicht haben Sie Lust, diese Übung gleich hier für sich selbst zu machen?

Übung

Das möchte ich in Zukunft nicht mehr oder seltener tun (–):

– ______

– ______

– ______

– ______

– ______

Das möchte ich häufiger tun bzw. beginnen (+):

+ ______

+ ______

+ ______

+ ______

+ ______

Priorisieren Sie Ihre Antworten: Welche Tätigkeit möchten Sie schnellstmöglich loswerden oder reduzieren und wofür hätten Sie am liebsten schon heute mehr Zeit zur Verfügung?

Listen Sie nun eine Tätigkeit auf, die Sie bereits in den nächsten Tagen seltener oder nicht mehr tun möchten (–), und eine, die Sie häufiger tun oder neu beginnen möchten (+):

– ______

+ ______

Haben Sie das Ziel festgelegt, überlegen Sie sich geeignete Maßnahmen, um es zu erreichen.

Als ich diese Übung das letzte Mal gemacht habe, sahen meine wichtigsten Punkte wie folgt aus:
- weniger Zeit am Telefon verbringen
+ mehr Zeit zur Verfügung haben, um zu schreiben

Ich kam mit meinem Buchprojekt und dem Schreiben von Artikeln nicht voran und stellte fest, dass die häufigen Anrufe wesentlich dazu beitrugen: Nach jedem Anruf benötigte ich Zeit, um den Faden wieder aufzunehmen. Außerdem telefoniere ich nicht gerne. Ich überlegte mir einige kurzfristige, mittelfristige und langfristige Maßnahmen, um die Telefonate zu reduzieren. Das gelang mir Schritt für Schritt anhand der folgenden Liste.

Folgendes kannst du gleich tun:
1. Ersetze bei den Seminaren auf der Webseite den Satz „Rufen Sie mich an oder schreiben Sie eine E-Mail an ...“ durch „Schreiben Sie eine E-Mail an ...“
2. Kaufe einen Anrufbeantworter und schalte ihn ein, wenn du ungestört sein willst.
3. Besprich das Band mit dem folgenden Text:
   Guten Tag, hier ist der Anrufbeantworter von Fabian Grolimund. Ich bin telefonisch aufgrund meiner Seminar- und Beratungstätigkeit schlecht zu erreichen. Bitte schreiben Sie mir eine E-Mail an fabian.grolimund@gmail.com
   Man beachte: Ich habe nicht gesagt, man solle mir eine Nachricht hinterlassen und ich werde zurückrufen – schließlich telefoniere ich nicht gerne.

Diese drei Schritte ließen sich bereits am ersten Tag umsetzen und reduzierten die Telefonate um gut 70 Prozent.

Mittelfristige Maßnahmen:
4. Analysiere, aus welchem Grund dich Klienten anrufen und überlege dir, wie du diese Gründe überflüssig machen könntest.

Bei der Umsetzung dieser Aktionen stellte ich innerhalb einiger Wochen fest, dass viele Anrufe durch meine Vorträge zustande kamen. Die Veranstalter benötigten immer dieselben Informationen (Wann kommen Sie an? Welche technische Ausstattung ist nötig?)

Ich sammelte die Fragen und achtete darauf, diese Informationen vorsorglich per E-Mail mitzuteilen, wodurch zahlreiche weitere Telefonate entfielen.

Langfristige Maßnahmen:

5. Stelle eine Sekretärin ein und gib Zeiten an, in denen das Sekretariat telefonisch zu erreichen ist. Gib auf der Webseite nur noch deine Handy-Nummer an mit dem Hinweis, dass du nur in dringenden Fällen zu erreichen bist.

Diesen Punkt setzte ich eineinhalb Jahre später um. Heute führe ich nur noch drei bis vier Telefonate pro Woche.

Das mag Ihnen etwas drastisch erscheinen, und tatsächlich verliere ich vielleicht den einen oder anderen Kunden, weil ich nun schlechter zu erreichen bin. Auf der anderen Seite habe ich dadurch so viel Zeit gewonnen, um Artikel für die Webseite und Magazine zu schreiben, dass sich deutlich mehr Interessenten für Seminare anmelden. Egal, was Sie häufiger oder seltener tun möchten: Wenn Sie sich gut überlegen, wie Sie dabei vorgehen können, werden Sie Möglichkeiten finden. Und egal, was Ihnen andere erzählen (beispielsweise, dass Sie für Ihre Kunden immer erreichbar sein müssen oder sich Kunden nur im persönlichen Gespräch gewinnen lassen) – es geht auch anders.

Jetzt sind Sie wieder dran:
Welche Schritte möchten Sie ergreifen, um Ihr wichtigstes Ziel zu erreichen?

Übung

Mein wichtigstes Ziel ist momentan:

Das kann ich sofort tun, um diesem näher zu kommen:

Das kann ich mittel- und längerfristig tun:

Gehen Sie wieder und wieder zu dieser Übung zurück und überlegen Sie sich immer wieder neu, in welche Richtung sich Sie und Ihr Geschäft entwickeln sollen. Sie werden rascher erfolgreich werden, wenn Sie klar vor Augen haben, wohin die Reise gehen soll, ob der Kurs stimmt und was Sie tun können, um Ihre Ziele zu erreichen. Als Coach oder Trainerin kennen Sie Möglichkeiten, schwierige Ziele anzupacken und innere Blockaden zu überwinden. Vielleicht haben Sie gelernt, negative Glaubenssätze aufzulösen, oder arbeiten mit Affirmationen. Wenn Sie dennoch das Gefühl haben, dabei auf Schwierigkeiten zu stoßen, kann Ihnen vielleicht WOOP weiterhelfen.

WOOPen Sie Ihre Ziele

WOOP ist eine wissenschaftlich evaluierte Methode zur Zielerreichung, die Gabriele Oettingen gemeinsam mit ihrem Mann Peter Gollwitzer entwickelt hat (Oettingen, 2014). Die Buchstaben in WOOP stehen für Wish (Wunsch), Outcome (Ergebnis), Obstacle (Hindernis) und Plan (Wenn-dann-Plan).

Gollwitzer ist bekannt für seine Forschungsarbeiten zu sogenannten „implementation intentions" – im Deutschen meist als Durchführungsintentionen bezeichnet. Dabei geht es um die Frage, wie es Menschen gelingt, eine Absicht in die Realität umzusetzen. Dabei stieß Gollwitzer auf eine besonders effektive Form der Selbststeuerung: Wenn-dann-Pläne. Wie eine Vielzahl von Studien mittlerweile belegt, erreichen wir unsere Ziele eher, wenn wir uns überlegen, was wir in welcher Situation tun möchten (vgl. Gollwitzer & Sheeran, 2006).

WOOP besteht aus vier Schritten, die Sie nacheinander durchführen. Es verbindet die Methoden beider Forscher, das mentale Kontrastieren und Wenn-dann-Pläne, und hat sich in der Kombination als noch effektiver erwiesen als die beiden Einzelmethoden (Adriaanse et al., 2010).

Und so gehen Sie beim WOOPen vor:

1. Wunsch: Denken Sie zunächst an einen Wunsch. Das kann etwas so Großes sein wie: Ich möchte mich selbstständig machen. Oder etwas Kleines, das Sie heute erledigen möchten: Ich möchte das Telefonat mit Kunde X hinter mich bringen. Es sollte sich jedoch um einen Wunsch handeln, den Sie für realisierbar halten. Lassen Sie Bilder und Gedanken zu diesem Wunsch auftauchen und halten Sie diese fest.

2. Ergebnis: Stellen Sie sich nun vor, wie das bestmögliche Ergebnis aussieht, das Sie sich von der Erfüllung dieses Wunsches erhoffen. Wie würde es aussehen, wenn Sie sich erfolgreich selbstständig gemacht haben? Wie würden Sie sich fühlen, wenn Sie den unbequemen Anruf erledigt haben? Entwickeln Sie eine lebendige Vorstellung davon.
3. Hindernis: Nun gehen Sie einen Schritt weiter und fragen sich, was Sie bisher daran gehindert hat, sich diesen Wunsch zu erfüllen. Was hält Sie momentan davon ab, sich selbstständig zu machen oder den Hörer in die Hand zu nehmen? Was ist das entscheidende, persönliche Hindernis?
4. Plan: Wenn Sie das entscheidende Hindernis gefunden haben, gehen Sie zum letzten Schritt über. Was könnten Sie denken oder tun, um das Hindernis zu überwinden? Formulieren Sie einen Plan in der Form: Wenn die Situation x auftaucht, werde ich y denken bzw. tun!

Mir gefällt diese Methode, weil sie sich bestens auf kleine Ziele im Alltag anwenden lässt. Lassen Sie mich dazu folgendes Beispiel anführen:

Alexander, ein sehr erfolgreicher Trainer, nutzte diese Methode, um endlich sein Ziel „Ich habe mehr Zeit!“ zu erreichen. Er schrieb sich dazu zuerst seinen Wunsch auf:

Wunsch: Ich habe mehr Zeit!
Dann malte er sich aus, was es für ihn bedeuten würde, wenn er dieses Ziel erreichte. Was wäre das bestmögliche Resultat? Als Alexander seinen Gedanken freien Lauf ließ, stellte er betroffen fest, dass er dann mehr Zeit für seine Tochter und seinen Sohn hätte, die er momentan immer wieder vertröstete. Diese Vorstellungen hielt er fest:

Ergebnis: Ich habe mehr freie Tage, die ich nutze, um mit Lisa und Jan zu kochen, in den Wald zu gehen oder am Fluss einen kleinen Staudamm zu bauen. Ich komme meiner Familie wieder näher!
Nun war es an der Zeit, sich über die Hindernisse Gedanken zu machen. Warum hatte er sich diesen Wunsch bisher nicht erfüllt? Die erste

Antwort lautete: zu viele Seminare. Aber weshalb? Als Alexander darüber nachdachte, wurde ihm bewusst, wie schwer es ihm fiel, eine Anfrage auszuschlagen. Aus den Anfangsjahren saß ihm noch die Angst im Nacken, nicht genug zu verdienen. Zudem fiel es ihm schwer, Kunden durch eine Absage zu „enttäuschen".

Hindernis: Es gelingt mir momentan nicht, Anfragen für Seminare auszuschlagen, weil ich Angst habe, zu wenig zu verdienen und Kunden zu vergraulen.

Als Alexander seinen Wunsch mit dem Hindernis abglich, wurde ihm Folgendes bewusst:

Momentan enttäusche ich meine Kinder! Ich verdiene genug, und während meine Kunden einen anderen Trainer suchen können, haben Lisa und Jan nur **einen** *Vater.*

Aus diesem Gedankengang ergab sich ein entsprechender Wenn-dann-Plan.

Plan: Wenn ich eine Anfrage für ein Seminar erhalte und im entsprechenden Monat bereits ausgelastet bin, dann sage ich mir: Ich enttäusche lieber einen Kunden als meine Kinder.

Alexander legte für sich eine Maximalzahl von Seminartagen pro Monat fest und erinnerte sich fortan mithilfe seines Wenn-dann-Plans daran, im entscheidenden Moment gemäß seinem Wunsch zu handeln.

Suchen Sie sich einen Coach!

Gerne möchte ich Sie dazu anregen, Ihre Ziele in Ihrem eigenen Coaching zum Thema zu machen und mithilfe Ihres Coaches daran zu arbeiten. Ich selbst habe viele meiner Ziele nur deshalb erreicht, weil mich meine Coaches dazu motiviert haben, trotz Schwierigkeiten dranzubleiben. Sie haben mich auf blinde Flecken aufmerksam gemacht und herausgefordert. Sie haben keinen Coach? Suchen Sie sich einen! Ich kann es ehrlich gesagt nicht verstehen, weshalb so viele Menschen, die sich als Coach selbstständig machen wollen, keinen Coach haben. Für mich stellt sich die Frage, wie man Coaching verkaufen will, wenn man selbst so wenig von dieser Dienstleistung hält, dass man bei eigenen Schwierigkeiten und Herausforderungen nicht darauf zurückgreift. Coaching ist keine Therapie – es soll Ihnen zu Spitzenleistungen verhelfen und Ihnen notwendige Veränderungen erleichtern.

Denken Sie gerade: „Das kann ich mir nicht leisten?" Dann kratzen Sie ein paar Hunderter zusammen und arbeiten Sie mit einem Coach ein paar Sitzungen an der Frage, wie Sie mehr verdienen können. Gerade als Selbstständige verdienen Sie dann genug, wenn Sie das Richtige tun: mehr potenzielle Kundinnen ansprechen, Ihr Angebot vorstellen, Ihren Preis nennen und Ihre Honorare erhöhen – falls Ihnen das schwerfällt, kann Ihnen ein guter Coach auf die Sprünge helfen.

Alle Fragen, die ich in diesem Buch aufwerfe, lassen sich mithilfe eines Coachings schneller und besser beantworten. Und falls Sie zu denjenigen gehören, die die Übungen gerne überspringen und ein Buch lieber „nur lesen", sollten Sie schleunigst jemanden suchen, der Sie dazu bringt, ins Tun zu kommen. Denn wie sagte schon Erich Kästner? „Es gibt nichts Gutes, außer man tut es!"

Momentan wird wahrscheinlich eines Ihrer wichtigsten Ziele darin bestehen, genügend Klienten zu finden. Diesem Thema widmen sich die nächsten Kapitel. Sie befassen sich mit vier Fragen, die sich Selbstständige stellen müssen:

1. Wer sind meine Klienten?
2. Was biete ich an?
3. Wie trete ich auf?
4. Wie erreiche ich meine Zielgruppe?

Bevor wir uns mit diesen Fragen beschäftigen, geht es darum, warum es so schwierig ist, Coaching und Seminare zu verkaufen.

Warum bucht mich keiner?

Als Selbstständige haben Sie dann Erfolg, wenn Kunden oder Klienten bereit sind, Ihr Angebot in Anspruch zu nehmen. Sie müssen daher wissen, was die Kaufentscheidung für ein Coaching oder Training beeinflusst. In diesem kurzen Kapitel erfahren Sie, wovon es abhängt, ob Sie gebucht werden oder nicht. In den weiteren Kapiteln lernen Sie, wie Sie diese Punkte zu Ihren Gunsten beeinflussen können.

Warum potenzielle Kunden und Klienten Sie nicht buchen

Unter potenziellen Kunden verstehe ich Personen, die Bedarf an Ihrer Dienstleistung hätten, diese aber aus irgendeinem Grund (noch) nicht in Anspruch nehmen. Wenn wir verstehen wollen, warum dies so ist, müssen wir uns kurz mit der „Ware", die Sie anbieten, auseinandersetzen.

Coaching, Beratung, Training: Eine Katze im Sack

Sie verkaufen Beratung, Coaching oder Seminare. Diese Dienstleistungen weisen einige Besonderheiten auf, die den Verkauf erschweren. Sehr gut zusammengetragen hat dies Bernhard Kuntz in seinen empfehlenswerten Büchern „Die Katze im Sack verkaufen" (Kuntz, 2013) und „Fette Beute für Trainer und Berater" (Kuntz, 2011). Warum spricht Kuntz von einer Katze im Sack? Normalerweise wissen Kunden vor dem Kauf kaum etwas über die Dienstleistung, die sie erhalten werden. Sie fragen sich vielleicht: „Ist dieser Coach kompetent? Werde ich mich mit ihr verstehen? Wird sie auf meine Fragen und Anliegen eingehen können? Hat sie Antworten auf meine Probleme? Wie viele Sitzungen werde ich benötigen? Wie läuft ein Coaching ab und was wird mit mir passieren?“

Selbst wenn Sie Trainerin oder Coach sind und dieses Arbeitsfeld gut kennen, werden Sie feststellen, dass Sie nur eine vage Vorstellung davon haben, wie eine Sitzung oder ein Seminar bei einer Kollegin aussieht, inwiefern Sie davon profitieren würden und ob sie ihr Honorar wert ist.

Wenn wir etwas kaufen, sind wir froh zu wissen, was wir erhalten. Bevor wir ein Auto kaufen, lesen wir Testberichte und machen eine Probefahrt. Das neue Smartphone nehmen wir im Geschäft in die Hand und probieren es aus. Diese Möglichkeit besteht bei Dienstleistungen im Bildungs- und Beratungsbereich nicht. Ob der Coach auf die eigenen Anliegen eingeht, der Trainer die Themen anspricht, die einem wichtig sind, oder die Beraterin einfühlsam und wertschätzend auf belastende Inhalte eingeht, erfährt der Klient normalerweise erst, wenn das Geld den Besitzer gewechselt und er bereits Zeit und Energie investiert hat.

Ist es Ihnen auch schon passiert, dass Sie in einem Seminar saßen und sich gedacht haben: „Na danke! Nicht nur Geld zum Fenster rausgeworfen, sondern auch noch einen Tag verschwendet!“? Vor genau dieser Erfahrung fürchten sich Ihre Kunden! Und diese Angst müssen Sie Ihnen nehmen.

Angenommen, Sie suchen einen Coach für ein Problem, das Sie beschäftigt. Sie gelangen auf eine Webseite und sehen: Dieser Coach bietet genau zu Ihrem Problem Beratungen an. Buchen Sie gleich? Wahrscheinlich nicht. Sie wollen zuerst wissen, ob Sie sich bei dieser Person wohlfühlen werden, ob Sie ihr vertrauen können und ob sie kompetent ist.

Die folgende Übung vermittelt Ihnen ein Gefühl dafür, wie wichtig diese Punkte sind:

Übung

Besuchen Sie die Webseiten von zehn verschiedenen Coaches, indem Sie beispielsweise nach „Coaching Zürich“ googeln, und stellen Sie sich die folgenden Fragen:

Habe ich das Gefühl, dass

- ich mich bei dieser Person so wohlfühlen würde, dass ich offen über alles reden kann?

- diese Person so kompetent ist, dass ich ziemlich sicher mehr zurückerhalten werde als die Zeit und das Geld, das ich investiere?

Nun kommt der schwierige Teil der Übung: Notieren Sie sich für jeden Coach die einzelnen Punkte, die Ihre Antworten beeinflussen. Versuchen Sie dabei, diese möglichst konkret zu beschreiben. Stellen Sie sich zuletzt die folgende Frage: Bei wie vielen dieser zehn Anbieter wäre ich bereit, ein Coaching zu buchen?

Vielleicht wird Ihnen beim Durchsehen der Webseiten ein weiteres Problem bewusst, das den Verkauf von Coachings oder Trainings zu einer schwierigen Angelegenheit macht: Jeder kann sich Coach oder Trainerin nennen.

Ich möchte nicht behaupten, dass es unter den Ärzten, Anwälten und Psychotherapeutinnen keine faulen Eier gibt – aber sie alle mussten ein anspruchsvolles, mehrjähriges Studium durchlaufen, Prüfungen bestehen und entsprechende Weiterbildungen absolvieren. Bei Coaches und Coaching-Instituten hingegen findet sich alles Mögliche bis hin zur Versprechung, nach einem siebentätigen Kurs für alle Problemstellungen und Klienten gewappnet zu sein. Es ist also kein Wunder, dass das Misstrauen auf Klientenseite entsprechend groß ist.

Gleichzeitig ist das Angebot vieler Coaches offen und schwammig formuliert. Sie bieten ihren Klienten an, sie bei ihrem inneren Wachstum zu unterstützen, Blockaden zu lösen, Ressourcen zu aktivieren etc. So wichtig dies für das persönliche Weiterkommen ist: Der Klient ist sich bei solchen Formulierungen unsicher, was er zu erwarten hat und was auf ihn zukommt. Vielleicht überlegt er sich sogar, ob durch das Coaching „nicht alles noch viel schlimmer werden könnte …“ Wir fühlen uns bei einer Kaufentscheidung umso sicherer, je genauer wir wissen, wie der Coach vorgeht, was unsere Rolle sein wird und welches Resultat wir erwarten dürfen.

Damit potenzielle Klienten Sie beauftragen, sollten sie …

1. wissen, dass Sie existieren
2. sehen können, was Sie anbieten, und erkennen können, dass dieses Angebot ihrem Bedarf entspricht
3. Sie als Person sympathisch finden

4. Ihnen als Person sowie Ihrer Fachkompetenz vertrauen und davon ausgehen können, dass sie mit Ihrer Hilfe mit hoher Wahrscheinlichkeit ihre Ziele erreichen
5. eine grobe Vorstellung davon haben, wie Sie vorgehen und was den Klienten inhaltlich erwartet.

Jon Jantsch (2010) hat es im Vorwort zu seinem Buch *Duct Tape Marketing* besonders gut zusammengefasst. Um als Coach, Trainer oder Expertin erfolgreich zu sein, benötigen Sie ein überzeugendes Marketing – und Marketing für Coaches und Trainer heißt nichts anderes als: „People with a *certain need* are getting to *know, like* and *trust* you!"

Ihr Marketing soll also dafür sorgen, dass Menschen mit einem bestimmten Bedarf Sie kennenlernen, Sie mögen und Ihnen vertrauen. Falls Sie im Moment noch zu wenige Kunden und Klienten haben, könnte dies daran liegen, dass:

- Sie keinen konkreten Bedarf und keine konkrete Zielgruppe ansprechen
- zu wenig Menschen von Ihnen und Ihrem Angebot wissen
- potenzielle Kunden keine Vorstellung davon haben, wer Sie sind und wie Sie arbeiten
- Ihr Marketingauftritt wenig ansprechend oder überzeugend wirkt
- potenzielle Kunden nicht davon überzeugt sind, dass Sie in der Lage sind, wirksam zu helfen.

Zu Beginn der Selbstständigkeit ist es ganz normal, dass Sie bei diesen Punkten noch nicht gut abschneiden. Die folgenden Kapitel unterstützen Sie dabei, dies schrittweise zu ändern.

Für wen möchte ich morgens aufstehen?

Ihre Klienten bzw. Kunden bestimmen, ob Sie als selbstständige/r Coach, Trainer oder Expertin glücklich und erfolgreich sind. Es lohnt sich daher, sich eingehend mit der Frage zu befassen, für wen Sie arbeiten möchten! Geben Sie sich dabei nicht mit der erstbesten Antwort zufrieden.

Wenn Sie auf diese Frage eine gute Antwort gefunden haben,

- ▸ freuen Sie sich auf die Arbeit mit Ihren Klienten und stehen morgens gerne auf
- ▸ wird es Ihnen leichter fallen, passende Dienstleistungen oder Produkte zu entwickeln, die Ihre Klienten tatsächlich ansprechen
- ▸ können Sie Ihr Marketing auf Ihre Zielgruppe ausrichten, um sie besser zu erreichen.

Zwei Filter helfen Ihnen dabei, zu bestimmen, wer Ihr Klient oder Kunde sein soll. Fragen Sie sich, was diese als Persönlichkeit auszeichnet und ob es bestimmte Merkmale gibt, über die sich ideale Zielgruppen definieren lassen.

Mit welchen Menschen möchten Sie arbeiten?

Die Menschen, mit denen wir uns umgeben, bestimmen mit, wie wir uns fühlen und wie wir handeln – und damit auch, wer wir sind. Wenn Sie sich mit Klienten umgeben, die Ihnen den letzten Nerv rauben, werden Sie die meiste Zeit gereizt und verärgert sein. Haben Sie Klienten, die dominant, fordernd und aggressiv sind, sind Sie entweder eingeschüchtert und verunsichert oder selbst bald fordernd und dominant. Und wenn Sie darüber hinaus Klienten haben, die ihre Rechnungen nicht bezahlen, wird es Ihnen in finanzieller Hinsicht nicht gut gehen. Arbeiten Sie hingegen mit Menschen, die Ziele verfolgen, die Sie inspirieren, die kreativ und energievoll sind, werden auch Sie voller Energie sein. Haben Sie Klienten, deren Schicksal oder deren Probleme und Schwierigkeiten Ihnen nahegehen und Sie berühren, werden Sie Sinn in Ihrer Arbeit finden. Als Selbstständige entscheiden Sie, in wessen Dienst Sie sich stellen. Wenn Sie mutiger und wählerischer werden und nicht mehr für jeden und jede arbeiten, werden Sie merken, dass Sie mehr Energie haben und mehr Befriedigung aus Ihrer Arbeit ziehen.

Sie werden Ihr Bestes geben – bei Ihrem Marketing und beim Erbringen Ihrer Dienstleistung. Dies wiederum wird Ihre Anziehungskraft erhöhen und dazu beitragen, dass Sie schneller zu neuen Klienten kommen. Viele Coaches und Trainer meinen, sie könnten es sich nicht leisten, wählerisch zu sein. Sie unterschätzen, wie positiv es sich auf ihre Ausstrahlung auswirkt, wenn sie selbstbestimmter auftreten und eine klare Haltung entwickeln, mit wem sie arbeiten wollen und mit wem nicht. Einen unhöflichen Auftraggeber abzulehnen kann Ihrem Selbstwertgefühl und Ihrem Selbstvertrauen einen gehörigen Schub verpassen. Die Zusammenarbeit mit jemandem aufzugeben, der Sie ständig verärgert und Ihnen schlaflose Nächte bereitet, wird sich unmittelbar positiv auf Ihren Energielevel auswirken. Nehmen Sie hingegen aus finanziellen Sorgen jeden Auftrag an, wird Sie dies schwächen und verunsichern.

Ihr Marketing lässt sich mit der Partnersuche vergleichen. Stellen Sie sich vor, Sie sind Single und jemand signalisiert Ihnen: „Du gefällst mir!" Ob Sie sich geschmeichelt fühlen, hängt davon ab, ob Sie denken, dass genau Sie gemeint sind oder ob es sich um eine Person handelt, die verzweifelt auf der Suche nach irgendjemandem ist, um der Einsamkeit zu entkommen.

Sie werden in den Augen Ihrer Klienten, Auftraggeber oder Netzwerkpartner automatisch attraktiver, wenn Sie das Gefühl vermitteln können: „Genau mit Ihnen möchte ich zusammenarbeiten!" Bei vielen Coaches und Trainerinnen beschleicht einen jedoch schnell das Gefühl, sie seien nicht wählerisch. Auf die Frage, mit wem sie zusammenarbeiten möchten, würde die ehrliche Antwort lauten: „Mit allen, die bereit sind, zu zahlen." Diese Haltung erhöht zwar die Anzahl möglicher Klienten – schmälert aber gleichzeitig Ihre Attraktivität derart, dass Sie schlussendlich sehr viel schlechter gebucht sind als Kollegen, die sich ihre Kunden bewusster aussuchen und Nein sagen können. Michael Port (2011) beschreibt dies als *velvet rope policy*. Vor exklusiven Klubs werden Türsteher postiert, und eine Kordel (*velvet rope*) zeigt an, wo man sich anstellen muss. Der Türsteher entscheidet, wer sofort passieren darf (V.I.P.-Eingang), wer anstehen muss und wer abgewiesen wird. Dieser Vorgang erhöht die Attraktivität des Klubs. Man fühlt sich geschmeichelt, wenn man gleich eintreten kann, oder ist froh, überhaupt mitfeiern zu dürfen. Auf der anderen Seite kann der Türsteher verhindern, dass Personen den Klub betreten, die die Stimmung negativ beeinflussen – indem er beispielsweise Angetrunkenen oder Pöblern den Zutritt verwehrt.

Wie wichtig es im Dienstleistungsbereich ist, seine Kundschaft auszuwählen, fiel mir zum ersten Mal auf, als ich noch zur Schule ging. Über Jahre hinweg besuchte ich Karatekurse. Zwei Brüder, die im gleichen Klub trainierten, verhielten sich ausgesprochen aggressiv. Sie waren im Dorf in Schlägereien verwickelt und mussten im Training häufig daran erinnert werden, dass Karate kein Vollkontakt-Sport ist. Beim Sparring waren sie unberechenbar. Wir anderen Schüler hofften jedes Mal, bei den Übungen nicht diesen Brutalos zugeteilt zu werden. Zwei von insgesamt gut sechzig Schülern ließen das Training für uns alle unangenehm werden. Unerfreulich genug für manche, um den Klub zu wechseln oder sich nach einem anderen Hobby umzusehen. Im Laufe der Zeit verließen mehrere Schüler den Klub hauptsächlich aufgrund negativer Erfahrungen mit diesen beiden Typen. Als ich unseren Trainer, der sich oft über die beiden beschwerte, einmal darauf ansprach, weshalb er sie nicht vor die Tür setzte, meinte er: „Ich muss ja auch die Miete bezahlen!" Es war ihm nicht bewusst, wie teuer es ihn kam, die beiden weitertrainieren zu lassen.

Wir Selbstständigen müssen uns bewusst machen, wie viel uns die falschen Auftraggeber und Klienten kosten. Sie können uns unsere Energie, Zufriedenheit, Leidenschaft und unser Selbstwertgefühl rauben. Auf lange Sicht kostet uns dies bares Geld, weil wir weniger offen auf neue Kunden zugehen, nicht mehr die volle Leistung bei Stammkunden erbringen und keinen Nerv dafür haben, unsere Marketingpläne umzusetzen.

Ich selbst hatte zu Beginn meiner Laufbahn vorwiegend mit Schulen gearbeitet. Dabei waren Schulleiter meine Hauptauftraggeber. Wie ich feststellen durfte, sind erstaunliche 80 Prozent von ihnen sympathisch, offen und herzlich – genau die Art von Menschen, die ich mag. 10 Prozent waren im Umgang höflich und korrekt – aber der Funke sprang nicht über. Dann gab es schließlich ca. 10 Prozent, die unangenehm waren, fordernd auftraten, immer noch einen Bericht mehr einforderten und zusätzlich um mein damals ohnehin mickriges Honorar feilschten. Drei bis vier solcher Typen hatte ich in meiner Kundenkartei – aber sie waren für gut 80 Prozent meiner schlechten Laune verantwortlich. Das dachte ich zumindest – bis mir klar wurde, dass nur einer für meine Laune verantwortlich ist: ich. Ich sagte mir: „So – du rufst jetzt weitere Schulen an und für jeden neuen Kunden wirfst du einen dieser Menschen aus der Kundenkartei!" Noch nie saß ich so motiviert am Telefon. Innert einer Woche waren alle unangenehmen Klienten durch neue ersetzt. Falls Sie Angst haben, zu wenige Kunden zu haben, wäre dieses Vorgehen vielleicht auch etwas für Sie? Ansonsten gilt: Wenn Sie zu Beginn einer Geschäftsbeziehung ein schlechtes Gefühl beschleicht, dann sollten Sie auf Ihre Stimme hören und die Zusammenarbeit bleiben lassen. Wir haben in unserem kleinen Unternehmen das folgende Motto: *Wenn sich ein Honorar wie Schmerzensgeld anfühlt, dann lass es bleiben.*

Welche Klienten oder Kunden Sie als besonders unangenehm empfinden, hängt von Ihnen und Ihrer Persönlichkeit ab. Die folgende Übung kann Ihnen dabei helfen, bewusster zu entscheiden, wen Sie in Ihr Arbeitsleben lassen.

Übung

Gehen Sie in Gedanken Ihre bisherigen Klienten, Netzwerkpartner und Auftraggeber durch. Falls Sie bisher im Angestelltenverhältnis gearbeitet haben, kann es sich auch um Menschen handeln, für die Sie eine Dienstleistung erbracht haben. Suchen Sie nach vier bis fünf Personen, mit denen Sie besser nicht zusammengearbeitet hätten. Schreiben Sie deren Namen auf:

- ______________________________
- ______________________________
- ______________________________
- ______________________________
- ______________________________

Versuchen Sie nun, einige Merkmale aufzulisten, die Ihnen als Warnzeichen dienen könnten. Hatten Sie bereits vor dem Auftrag ein vages Gefühl, dass Sie nicht mit der Person zusammenpassen? Falls nicht: Was waren die ersten Anzeichen? Finden Sie Gemeinsamkeiten zwischen diesen Personen? Listen Sie sie auf:

- ______________________________
- ______________________________
- ______________________________
- ______________________________
- ______________________________

Stellen Sie nun noch die gegenteilige Überlegung an: Denken Sie an Ihre fünf Lieblingskunden, -netzwerkpartner, -auftraggeberinnen und schreiben Sie deren Namen auf:

- ______________________________
- ______________________________
- ______________________________
- ______________________________
- ______________________________

Welche Merkmale haben diese gemeinsam? Gab es evtl. schon früh Anzeichen, die Ihnen vermittelt haben, dass Sie gerne mit diesen Menschen zusammenarbeiten werden? Führen Sie auch hier einige Merkmale bzw. Anzeichen auf:

- ______________________________
- ______________________________
- ______________________________
- ______________________________
- ______________________________

Spielen Sie diese Übung immer mal wieder in Gedanken durch – bis Sie sich im Alltag davon leiten lassen und nur noch Ja zu einem Auftrag sagen, wenn Sie dabei ein gutes Gefühl haben.

Soll ich mich spezialisieren?

Wenden wir uns nun dem zweiten Kriterium zu. Gibt es vielleicht bestimmte Zielgruppen, die besonders gut zu Ihnen passen? Sie können Ihre Klienten nach bestimmten Kriterien auswählen wie:

- Alter
- Geschlecht
- geografische Lage
- Branche oder Fachrichtung
- Themenbereiche
- bestimmte Probleme, Bedürfnisse oder Ziele.

Besonders entscheidend ist dabei die Frage, wie weit Sie sich spezialisieren wollen. Anhand der genannten Kriterien könnten Zielgruppendefinitionen beliebig kombiniert und beliebig eng gefasst werden. Bevor wir uns die Frage stellen, wie weit Sie sich spezialisieren möchten oder sollten und wie Sie dabei vorgehen können, möchte ich Ihnen zeigen, wie sehr sich der Spezialisierungsgrad auf Ihren Arbeitsalltag auswirkt.

Dabei bin ich – entgegen der Meinung vieler anderer Autoren – kein Verfechter einer möglichst engen Spezialisierung. Schon alleine deshalb nicht, weil ich es nicht fertigbringen würde, mich dreißig Jahre lang einem einzigen Thema zu widmen. Selbst wenn ich mir sicher wäre, damit zu massenhaft Ruhm und Geld zu gelangen, würde mich die Perspektive, jahrelang nur über Zeitmanagement, Körpersprache oder Rechenschwierigkeiten zu schreiben und zu reden, so bedrücken, dass ich bereit wäre, auf Berühmtheit und Reichtum zu verzichten. Natürlich gibt es Experten, die es spannend finden, fünf oder zehn Bücher zu einem einzigen Thema zu schreiben und die Inhalte jeweils nur ein wenig zu variieren – aber vielleicht gehören Sie nicht dazu, vielleicht wird Ihnen nur schon bei der Vorstellung ganz anders.

Gehen wir das Thema Spezialisierung daher offen und entspannt an. Vielleicht kommen Sie dabei zum Schluss, dass Sie ein Allrounder sind, der ein möglichst weites Feld bearbeiten will. Vielleicht sprechen Sie die Vorteile der Spezialisierung an und Sie beginnen, sich stärker auf einzelne Zielgruppen zu fokussieren und spezifischere Angebote zu schaffen. Vielleicht sind Sie im Herzen aber auch jemand, der sich am liebsten ganz und gar einer einzigen Aufgabe und einer einzigen Zielgruppe verschreiben möchte und bisher nicht den Mut dazu fand – dann könnte Sie dieses Kapitel darin bestärken, diesen Weg zu gehen.

Allrounder oder Experte: Was passt zu mir?

Generalisten haben ein breites Angebot und richten sich an einen größeren Kreis von potenziellen Kundinnen oder Klienten. Spezialisten hingegen definieren ihr Angebot und ihre Zielgruppe enger und versuchen eine optimale Lösung für bestimmte Probleme einer kleineren Gruppe von Personen anzubieten. Das können wir uns als Kontinuum vorstellen. Die Personen aus den folgenden Fallbeispielen weisen einen unterschiedlichen Grad an Spezialisierung auf.

Geringer Spezialisierungsgrad
Florian ist Psychotherapeut in eigener Praxis. Gleichzeitig baut er sich ein Standbein im Coaching-Bereich auf und bietet Coachings und Workshops für Führungskräfte an. Er richtet sich an Einzelpersonen, Paare, Familien und Firmen.

Mittlerer Spezialisierungsgrad
Susanne ist Business-Coach und bietet für Einzelpersonen und Teams Coachings und Workshops zu Business-Themen an. Sie nennt auf ihrer Webseite die folgenden Bereiche: Führung, Konfliktmanagement, Kommunikation, Präsentation, Karriere, Bewerbung, berufliche Standortbestimmung, Neuorientierung, Burn-out.

Hoher Spezialisierungsgrad
Dominik hat sich auf das Thema „Führung von Wissensarbeitern" spezialisiert und bietet dazu Coachings, Vorträge, Workshops und Weiterbildungen an.

Wie wirkt sich der Spezialisierungsgrad aus? Ganz allgemein lässt sich sagen: Je stärker Sie spezialisiert sind ...

- ... desto kleiner wird der Kreis der Personen, die sich für Ihr Angebot interessieren
- ... desto attraktiver werden Sie für diesen Kreis von Personen.

Florian kommt prinzipiell für sehr viele Personen als Anbieter infrage. Ein Mädchen, das unter einer Essstörung leidet, gehört ebenso zu seinen Klienten wie ein Ehepaar in der Krise und ein Abteilungsleiter, der sich ausgelaugt fühlt. Dominik hingegen nimmt nur Klienten an, die in einer Führungsposition sind. Ich kenne viele Coaches, Trainerinnen und Berater, die ständig Weiterbildungen besuchen, um durch ein breiteres Angebot mehr Aufträge zu erhalten. Diese Strategie geht meist nicht auf, weil die Breite des Angebots sie in den Augen ihrer Klienten gleichzeitig unattraktiver erscheinen lässt. Das folgende Beispiel illustriert dies:

Die Usability-Firma User Experience GmbH aus Winterthur möchte ihre Nachwuchsführungskräfte zum Thema Führung schulen lassen. Auf der Suche nach einem geeigneten Workshop-Leiter könnte sich die Firma nun an Florian, Susanne oder Dominik wenden – alle sehen sich selbst bei diesem Thema als kompetente Anbieter. Susanne – und vor allem Dominik – haben jedoch eine viel größere Chance, den Auftrag zu erhalten. Durch die Spezialisierung auf die Themen Business-Coaching bzw. „Führung von Wissensarbeitern" wirken Susanne und Dominik kompetenter und damit attraktiver als Florian. Dominik könnte aufgrund seiner engen Spezialisierung wahrscheinlich ein deutlich höheres Honorar fordern.

Eine Internetrecherche mit einer Wortkombination wie „Führungstraining KMU" würde zudem mit größter Wahrscheinlichkeit zu Dominiks Webauftritt führen. Spezialisten wirken kompetenter, werden eher weiterempfohlen und bei der Suche besser gefunden. Setzt sich ein Spezialist zudem für eine bestimmte Zielgruppe und deren Anliegen ein, wirkt er alleine durch sein Commitment anziehend.

Dieser englische Begriff, der auch im deutschen Sprachraum immer häufiger benutzt wird, bedeutet so viel wie Hingabe, Verpflichtung oder Engagement. Fühlt sich ein Anbieter einer Zielgruppe mit ihren besonderen Problemen, Bedürfnissen und Wünschen verpflichtet und setzt sich für sie ein, trägt dies dazu bei, dass sich die Betreffenden wertgeschätzt und ernst genommen fühlen: „Da gibt es jemanden, der uns versteht, unsere Anliegen aufgreift und möchte, dass sich unsere Situation verbessert!“ Die Wertschätzung und das Engagement, das der Spezialist seiner Zielgruppe entgegenbringt, wirkt somit – wenn er seine Sache gut macht und es ernst meint – reziprok: Nicht nur der Spezialist mag seine Zielgruppe, auch die Personen dieser Zielgruppe schätzen den Spezialisten dafür, dass er ihnen eine Stimme gibt, sich ihrer Belange annimmt und nützliche Lösungen für ihre Probleme entwickelt.

Das Ausmaß Ihrer Spezialisierung bestimmt Ihren Tagesablauf

Florian, Susanne und Dominik sind mit ihrem Arbeitsalltag und ihrem Einkommen zufrieden – ihre Arbeit sieht jedoch unterschiedlich aus. Werfen wir dazu einen Blick auf den Arbeitsalltag der beiden Extreme Florian und Dominik.

Florian verbringt seine Arbeitstage in seiner Praxis in Basel. Er kennt mehrere Ärzte, die ihm regelmäßig Klienten überweisen. Zudem kommen viele Klienten zu ihm, die im Telefonbuch oder im Internet nach einem ortsansässigen Psychotherapeuten gesucht haben. Nach einer längeren Anlaufzeit konnte er auch mit seinem Coaching-Angebot Fuß fassen – dabei coacht er vorwiegend Führungskräfte mit Anzeichen eines Burn-outs. Auch diese Klienten werden ihm vorwiegend von Ärzten überwiesen. Er macht seine Arbeit gut, und so kommt es immer wieder vor, dass seine Klienten ihn weiterempfehlen. Seinen Arbeitsalltag beschreibt Florian als sehr abwechslungsreich. Er sieht verschiedene Personen mit den unterschiedlichsten Problemen, was ihn immer wieder vor neue Herausforderungen stellt. Florian bietet durchschnittlich fünf Sitzungen pro

Tag an. Die restliche Zeit benötigt er, um Anfragen von neuen Klienten zu beantworten, Verlaufsberichte zu schreiben oder sich weiterzubilden.

Dominik konzentriert sich seit längerer Zeit auf das Thema „Führung von Wissensarbeitern" (die Führung von Mitarbeitern, die oft über mehr Fachwissen verfügen als ihre Vorgesetzten). Man könnte nun denken, dass sein Arbeitsalltag eintönig und langweilig sei, was Dominik jedoch vehement verneint. Er schätzt es, sich in ein Thema vertiefen zu können und sich darin sicher und kompetent zu fühlen. Seine Arbeit ist trotz engem Fokus vielseitig: Er bietet nicht nur Coachings für Führungskräfte an, sondern auch Vorträge und Seminare für Firmen, Fachhochschulen und Kongresse. Oft wird er für Workshops und Vorträge im gesamten deutschsprachigen Raum eingeladen. Er mag die Reisen, die Übernachtungen in Hotels und die intensive Arbeit an den Seminartagen. An anderen Tagen zieht Dominik sich zurück, erstellt neue Folien, verbessert die Seminarunterlagen, pflegt seine Webseite, gibt Interviews für Zeitschriften und schreibt an einem Buch.

Florians und Dominiks Arbeitstage unterscheiden sich insbesondere aus einem Grund: Je stärker die Spezialisierung, desto kleiner wird der Kreis der interessierten Personen – und desto mehr Zeit muss dafür aufgewendet werden, die eigene Leistung bei dieser Gruppe bekannt zu machen. Die folgende Tabelle 1 zeigt, wie sich das Marketing von Florian, Susanne und Dominik unterscheidet.

Tabelle 1: Marketingmaßnahmen nach Spezialisierungsgrad

Marketingmaßnahmen		
Generalist ◄——————► Spezialist		
Florian	**Susanne**	**Dominik**
▸ Eintrag ins Telefonbuch ▸ Praxisschild ▸ Networking mit Ärzten ▸ Mund-zu-Mund-Propaganda	▸ Eintrag ins Telefonbuch ▸ Praxisschild ▸ Networking mit Firmen in der näheren Umgebung ▸ Telefonakquise ▸ Webseite ▸ Mund-zu-Mund-Propaganda	▸ Eintrag ins Telefonbuch ▸ Networking mit Vereinen, Berufsverbänden, Weiterbildungsstellen ▸ Vorträge ▸ Buch ▸ Blog, Facebook-Seite ▸ umfangreiche Webseite ▸ Artikel und Interviews in Zeitschriften ▸ Werbung für die Webseite über Google-Anzeigen ▸ Mund-zu-Mund-Propaganda

Tabelle 1 verdeutlicht, dass gezieltes Marketing umso wichtiger wird, je stärker Sie sich spezialisieren. Gleichzeitig fällt es dem Spezialisten aber auch leichter, seine Zielgruppe anzusprechen.

Allrounder Florian muss darauf achten, dass genügend Personen in seiner Stadt wissen, dass es ihn gibt und er seine Sache gut macht. Sein Erfolgsrezept heißt Networking: Er pflegt einen regen Kontakt mit einigen ortsansässigen Ärzten, die regelmäßig Klienten an ihn weiterverweisen.

Susanne muss sich mehr ins Zeug legen. Sie muss dafür sorgen, dass genügend Personen in der näheren Umgebung wissen, dass sie als Business-Coach arbeitet. Sie pflegt eine kleine, aber feine und stets aktuelle Webseite und hält gute Kontakte zu Unternehmen im Umkreis. Zwei Stunden pro Woche ruft sie deren Personalverantwortliche an. Sie investiert bewusst vier bis fünf Stunden pro Woche in ihr Marketing.

Dominik hingegen muss gezieltes Marketing aufgrund seiner engen Spezialisierung als Teil seines Berufs betrachten und sich immer wieder überlegen, was er tun könnte, damit seine Zielgruppe von ihm erfährt und ihn als Experten wahrnimmt. Er achtet darauf, dass er im Internet zum Thema „Führung von Wissensarbeitern" gefunden wird, in der Fachwelt und bei Firmen durch Artikel und Interviews in Zeitschriften und Vorträge bekannt wird, mit Autoren, die sich dem Thema widmen, zusammenarbeitet und ein Buch schreibt. Für diese Aktivitäten wendet er im Durchschnitt 15 bis 20 Stunden pro Woche auf.

Gleichzeitig wird deutlich, weshalb Spezialisten normalerweise teurer sind: Nicht nur deshalb, weil sie von ihrer Zielgruppe als attraktiver wahrgenommen werden und diese bereit ist, mehr zu bezahlen, sondern auch, weil sie Zeit investieren müssen, um sich bekannt zu machen und ihr Wissen auf dem neuesten Stand zu halten. Dadurch reduziert sich die Zeit, in der die eigentliche Dienstleistung erbracht werden kann und damit auch die bezahlte Arbeitszeit. Während Florian ca. 25 Stunden Therapie und Coaching pro Woche anbietet, ist Dominik neben dem Marketing noch mit der Vorbereitung seiner Seminare beschäftigt. Pro Monat bietet er ca. sechs Seminartage an und hält drei bis vier Vorträge. Dominik muss einen Stundensatz von mindestens 250 Euro berechnen und sich seine Spesen vergüten lassen, damit er auf einen ähnlichen Umsatz kommt wie Florian, der 120 Euro pro Sitzung verrechnet.

Ein weiterer Unterschied zwischen Generalisten und Spezialisten besteht darin, dass Letztere oft verschiedene Dienstleistungen zu einem Thema anbieten. Bei Coaches, Beraterinnen oder Therapeuten mit einem breiten Spektrum kommen sinnvollerweise meist nur Einzelberatungen in Betracht. Experten hingegen nutzen verschiedene Zugänge zu einem Thema. So bieten wir auf unserer Internetseite zum Thema „Mit Kindern lernen" nicht nur Vorträge und Seminare an, sondern auch eine Weiterbildung, einen Online-Kurs, ein Buch, eine App und eine Kurzfilmserie. Dabei ist jedes Produkt gleichzeitig eine Marketingmöglichkeit, um auf die anderen Produkte hinzuweisen (www.mit-kindern-lernen.ch).

Florian, Susanne und Dominik sind Beispiele für Coaches, Beraterinnen oder Experten, die ihre Leistung erfolgreich anbieten. Solche Beispiele finden sich genauso unter den Allroundern wie unter den Spezialisten, wobei es von bestimmten Bedingungen abhängt, wann was sinnvoll ist. Um es bildlich auszudrücken: Als Urologe sollte man seine Praxis nicht in einem abgelegenen Bergbauerndorf eröffnen ...

Anhand einer Reihe von Fragen können Sie für sich erarbeiten, inwieweit Sie sich spezialisieren möchten oder sollten.

Spezialisierung: Muss das sein?

Eingangs habe ich auf zwei Faktoren hingewiesen, die bei Spezialisierung wichtig sind. Wir erinnern uns: Je stärker Sie sich spezialisieren...

- ... desto kleiner wird der Kreis der Personen, die sich für Ihr Angebot interessieren
- ... desto attraktiver werden Sie für diesen Kreis von Personen.

Zwischen diesen beiden Aspekten gilt es eine Balance zu finden. Je stärker Sie sich spezialisieren, desto größer muss das Einzugsgebiet sein, damit Sie überhaupt erfolgreich arbeiten können. Zudem gibt es eine Grenze der Spezialisierung, bei der Ihr Angebot in den Augen der Kunden nicht mehr attraktiver wird. Dominik hat sich mit seinem Fokus auf „Führung von Wissensarbeitern" bereits sehr stark spezialisiert. Würde er sein Angebot weiterdifferenzieren und sich beispielsweise nur auf das Thema „Führung von Wissensarbeitern in der Forschung" konzentrieren, würde seine Zielgruppe deutlich kleiner. Gleichzeitig würde sein Angebot durch den engeren Fokus wahrscheinlich kaum attraktiver.

Bei der Frage, inwieweit Sie sich spezialisieren sollten, spielen folgende Faktoren eine Rolle:

- Ihr Einzugsgebiet
- Ihre Konkurrenz
- Ihr Kompetenzprofil.

Wie groß ist Ihr Einzugsgebiet?

Eine starke Spezialisierung ergibt nur Sinn, wenn Sie in einem großen Einzugsgebiet tätig sein möchten. In einer größeren Stadt wie München oder Zürich können und sollten Sie mit einem schmaleren Angebot auftreten als in einer Kleinstadt oder einem Dorf. Wenn Sie einer von drei Coaches in der Gegend sind, benötigen Sie keine Spezialisierung. Gibt es hingegen dreißig Kollegen und ist der Markt gesättigt, finden Sie eher Klienten, wenn Sie eine der wenigen sind, die nur Coaching für Frauen, Unternehmer oder Jugendliche anbieten oder über spezielle Kenntnisse zum Thema Burn-out verfügen. Was es auch sei – Ihr besonderes Angebot müssen Sie in Ihrem Profil klar herausstellen.

Stellen Sie sich die folgenden Fragen:

- Wie viele Mitbewerber habe ich?
- Wäre mein Einzugsgebiet groß genug für eine engere Spezialisierung?

Wie spezialisiert ist der Wettbewerb?

Ob Sie als Generalist erfolgreich sein können, hängt davon ab, wie spezialisiert Ihre Mitbewerber sind. Psychotherapeutinnen können mit einem sehr breiten Angebot erfolgreich sein. Dies liegt daran, dass die meisten Psychotherapeuten als Generalisten auftreten, was sich jedoch in Zukunft ändern könnte. Nehmen wir an, ein Psychotherapeut bietet unter anderem Therapien gegen Schlaf- und Essstörungen an: Sobald sich ein Schlafzentrum und ein Zentrum für Essstörungen mit spezialisierten Therapeuten und Ärzten in seiner Stadt niederlassen, dürfte er bemerken, dass weniger Klienten mit diesen Problemen den Weg in seine Praxis finden.

Auf diese Weise hat sich der Trainer- und Coaching-Markt immer weiter spezialisiert. Gab es früher noch viele Coaches, die sich schlicht als Coach bezeichnet und vermarktet haben, konzentrieren sich heute viele auf ein eingeschränktes Thema, bestimmte Zielgruppen oder einige wenige, eng verwandte Bereiche. Je mehr Anbieter sich in einem Markt tummeln und je stärker dieser gesättigt ist, desto höher wird der Spezialisierungsdruck und die Notwendigkeit, sich auf eine Nische zu konzentrieren. Bestimmte heiß umkämpfte Themen wie beispielsweise Führung oder Verkauf haben sich daher immer weiter zergliedert. Ein allgemeines Seminar zum Thema Führung lässt sich in der Folge immer schwerer verkaufen, während spezifischere Seminare mit Titeln wie „Die 100 ersten, entscheidenden Tage in der neuen Führungsrolle“ oder „Führung von Wissensarbeitern“ attraktiver wirken.

Stellen Sie sich die folgenden Fragen:

- Wie spezialisiert ist meine Konkurrenz?
- Gibt es viele Experten in meinem Feld und wäre es daher besser, wenn ich mich ebenfalls stärker fokussiere?

Welche Kompetenzen bringe ich mit?

Zu guter Letzt bestimmen auch Ihre Kompetenzen und Vorlieben, ob Sie eher als Expertin für eng eingegrenzte Fragestellungen oder als Coach mit breitem Angebot wirken sollten. Wie wir in der Einführung gesehen haben, sieht der Arbeitsalltag einer Expertin anders aus als der eines Allrounders. Eine Expertin muss insbesondere auf drei Dinge Wert legen:

1. Sie muss bereit sein, ihr Fachwissen ständig zu aktualisieren und viel Zeit darauf zu verwenden, sich das aktuelle Wissen in ihrem Gebiet anzueignen. Freude am lebenslangen Lernen ist ein absolutes Muss.
2. Eine Expertin muss in der Lage sein, ihr Wissen so aufzubereiten, dass ihre Zielgruppe es leicht aufnehmen und umsetzen kann.

In den meisten Fällen bedeutet dies: Sie sollte in der Lage sein, sich klar und einfach auszudrücken – am besten mündlich und schriftlich. Eine Ausnahme bilden Experten, die sich vorwiegend an andere Experten oder zumindest Fachpersonen richten (z. B. Professoren).

3. Ist die Expertin freiberuflich tätig, muss sie sich zusätzlich die Fähigkeit erarbeiten, aus ihrem Fachwissen Produkte oder Dienstleistungen zu entwickeln und diese zu vermarkten.

Je eher Sie den folgenden Aussagen bereits zustimmen können oder bereit sind, sich die notwendige Einstellung und das Handwerkszeug zu erarbeiten, desto zufriedenstellender dürfte für Sie die Positionierung als Expertin oder Experte ausfallen:

- Ich vertiefe mich gerne in ein Thema und räume lebenslangem Lernen einen hohen Stellenwert ein.
- Ich fühle mich wohl, wenn ich Vorträge halte und Seminare leite, und möchte dies zu einem Teil meiner Tätigkeit machen.
- Ich schreibe gerne und es bereitet mir Freude, eine Webseite oder einen Blog zu einem bestimmten Thema zu pflegen, Artikel oder ein Buch zu schreiben.
- Ich mag es, komplexe Sachverhalte so weit zu vereinfachen, dass eine bestimmte Zielgruppe sie versteht.
- Ich kann mein Wissen zu attraktiven Produkten (Vorträge, Seminare, Bücher, Hörbücher, Filme) verdichten.
- Ich interessiere mich ebenso für die Bereiche Marketing und Verkauf wie für mein Fachthema und bin bereit, mich eingehend mit diesen Themen zu befassen.

Fragen Sie sich: Liegen mir die typischen Expertentätigkeiten wie Schreiben, Vortragen, Seminare leiten oder möchte ich mich eher auf die Beratungstätigkeit oder Coaching beschränken?

Falls Sie bemerken, dass Sie lieber an einem breiten Angebot festhalten möchten, sollten Sie einige Punkte beachten, um mit diesem Auftritt kompetent zu wirken.

Vermeiden Sie, wie ein Universal-Dilettant aufzutreten.

Auf der Webseite eines Psychotherapeuten fand ich folgende Auflistung seiner Leistungen:

> Ich bin Psychotherapeut und biete Therapie und Beratung bei den folgenden Problemen an: Depression, manisch-depressive Störung, ADS, ADHS, Schizophrenie und Psychosen, Zwänge, Ängste (Sozialphobie, Klaustrophobie, Agoraphobie, Panik, Tierphobien, Prüfungsangst etc.), sexuelle Funktionsstörungen, Suchtprobleme (Alkohol, Medikamente, Drogen, Spielsucht) Persönlichkeitsstörungen, Burn-out, Sinnkrisen, Posttraumatische Belastungsstörung, Eheprobleme, Erziehungsfragen aller Art, Essstörungen.

Bei der Lektüre dieser Liste wird niemand denken: „Aha – der bietet Behandlungen bei ADHS an – das ist genau das, was ich suche!“, vielmehr fühlen sich Klienten abgestoßen: „Der scheint ja ein richtiger Alleskönner zu sein. Der hat doch nicht einmal Zeit, zu jedem Thema ein Buch pro Jahr zu lesen – wie will der auf dem neuesten Stand bleiben?“

Je breiter Ihr Angebot ist, desto wichtiger ist es, einen übergeordneten Begriff zu wählen, der Ihren Tätigkeitsbereich beschreibt, anstatt detailliert jedes Problem aufzulisten, für das Sie Coaching oder Trainings anbieten. Die folgende Beschreibung klingt gleich viel kompetenter:

> Seit zwanzig Jahren biete ich Psychotherapie bei psychischen Störungen und Beratung bei Erziehungsfragen und Eheproblemen an.
> Nach dem Studium habe ich mich in Verhaltenstherapie und Gesprächspsychotherapie weitergebildet. Um Ihnen eine wirksame Therapie anbieten zu können, halte ich mich durch regelmäßige Fortbildung und Supervision auf dem neuesten Stand der Forschung und Praxis.

Fragen Sie sich:

- Wirkt mein Angebot evtl. wie ein Gemischtwarenladen?
- Zähle ich zu viele Themen auf? Und kann ich dafür einen übergeordneten Begriff finden und meine Kompetenz anderweitig unter Beweis stellen?
- Weisen meine Angebote einen logischen Zusammenhang auf?

Falls Sie unterschiedliche Zielgruppen zu Ihren Kunden zählen, stellt sich immer die Frage, wie Ihr Angebot auf die einzelnen Zielgruppen wirkt. Wir bieten beispielsweise ein Seminar mit dem Titel „Erfolgreich lernen mit ADHS" für Eltern an. Diese Zielgruppe empfindet es als Gewinn, dass wir zum gleichen Thema ebenfalls ein Seminar für die Zielgruppe Lehrkräfte anbieten. Unsere Kompetenz wird dadurch in den Augen beider Zielgruppen nicht geschmälert, sondern erhöht, weil ein enger Zusammenhang zwischen den Angeboten besteht.

Eher befremdlich würde es für die Zielgruppe Eltern von Grundschulkindern wirken, wenn auf unserer Webseite zum Thema Lernen stehen würde, dass ich ein Seminar zum Thema „Marketing für Coaches, Trainer und Experten" anbiete. Letzteres passt weder zur Webseite noch zur Zielgruppe. Anders ist es, wenn ich Ihnen gegenüber erwähne, dass wir Seminare zum Thema Lernen für Eltern anbieten, weil es in einen logischen Zusammenhang eingebettet ist. Sie fragen sich wahrscheinlich, ob die Konzepte und Methoden, die ich in diesem Buch vorstelle, praxistauglich sind. Indem ich zeige, dass ich mich selbst als Experte für ein bestimmtes Thema positionieren konnte, gewinnen die Inhalte, die in diesem Buch vermittelt werden, an Glaubwürdigkeit. Wann immer sich dieser Zusammenhang nicht klar herausstellen lässt, ist es besser, getrennte Angebote zu schaffen – mit einer jeweils eigenen Webseite, eigenen Flyern etc.

Besonders klug ging dabei ein mir bekannter Fotograf vor. Er weiß um die Attraktivität des Spezialisten und erstellte spezifische Seiten mit den Domainnamen „Hochzeitsfotograf", „Modefotograf" und „Babyfotograf". Dies hat zur Folge, dass er mit den jeweiligen Begriffen über Google gut gefunden wird und er – da auf der jeweiligen Webseite nur Bilder zum jeweiligen Thema zu finden sind – als kompetenter Spezialist erscheint.

Stellen Sie sich vor, Sie suchen nach „Hochzeitsfotograf" und finden diese Webseite – mit Beispielen von Hochzeitsfotos von fünfzig unterschiedlichen Paaren. Sie erhalten sofort ein Bild vom Können des Anbieters in diesem Bereich. Sie schauen sich die einzelnen Fotosequenzen an und überlegen sich, welcher Stil Ihnen am meisten zusagt. Vielleicht denken Sie: „Diese zwei Paare hat er sehr hübsch fotografiert!" Und Ihre Partnerin meint: „Ja – mir gefallen allgemein die Schwarz-Weiß-Fotografien besser." Und schon sind Sie im Kopf bei der Umsetzung und im Gespräch mit dem Fotografen.

Ganz anders ergeht es seinem Konkurrenten, einem „Ich-knipse-alles-was-mir-vor-die-Linse-kommt-Fotografen", der auf seiner Webseite zwar sehr schöne Aufnahmen aufweisen kann – aber zu so unterschiedlichen Themen wie Porträt-Fotografie, Essen, Schmuck oder Immobilien.

Selbst wenn er ein Hochzeitspaar sehr schön abgelichtet hat, sind Sie sich unsicher: Ob er auch bei Ihnen gute Fotos macht oder ob es sich um einen Glücksfall handelt? Nun denken Sie vielleicht, es sei schade, die Angebote Hochzeitsfotos und Babyfotografie zu trennen, da sich diese Angebote sehr gut ergänzen. Dies spricht jedoch nicht gegen getrennte Auftritte. Hat uns jemand mit seiner Arbeit überzeugt, trauen wir ihm zu, dass er auch anderes gut macht. Er kann also den Paaren, deren Hochzeit er fotografiert hat, mit den fertigen Hochzeitsbildern gleich den Link zu seiner Webseite „Babyfotografie" schicken. Gefallen die Fotos vom großen Fest, steigt die Wahrscheinlichkeit für einen Folgeauftrag, sobald das erste Kind da ist.

Fragen Sie sich:

- Kann ich einen klaren, inneren Zusammenhang zwischen meinen Angeboten und Zielgruppen herstellen oder wären getrennte Auftritte besser?
- Wären getrennte Auftritte vielleicht sogar trotz eines klaren inneren Zusammenhangs der Angebote sinnvoll – um bei Google besser gefunden zu werden und meine Kompetenz in einem bestimmten Bereich zu unterstreichen?

Spezialisierung: Was bringt mir das?

Wie wir bereits gesehen haben, wird Ihre Zielgruppe durch die Spezialisierung zwar kleiner, aus deren Perspektive werden Sie jedoch attraktiver. Dieser Attraktivitätsgewinn ist nicht der einzige Nutzen. Bearbeiten Sie ein bestimmtes Gebiet beharrlich über längere Zeit, können Sie von vielen weiteren Vorteilen einer Spezialisierung profitieren, die sich nach und nach einstellen. Wie Sie aus der Einleitung bereits entnommen haben, bin ich Experte für das Thema „Mit Kindern lernen". Ich halte dazu regelmäßig Vorträge und Seminare und habe ein Buch mit diesem Titel geschrieben. Anhand eines Gedankenexperiments möchte ich Ihnen verdeutlichen, wie wertvoll es sein kann, sich als Experte für ein Thema zu positionieren.

Markus Zosso, ein fiktiver Mitbewerber, und ich werden für einen Vortrag an einer Schule angefragt. Markus ist intelligenter als ich und von Natur aus ein guter Redner. Er hat sich als Familiencoach selbstständig gemacht. Die Ausgangslage ist die gleiche: Markus und ich werden von der Präsidentin eines Elternvereins angefragt, ob wir einen Vortrag zum Thema Hausaufgaben und Lernen halten möchten. Zielpublikum sind Eltern von Grundschülern. Der Vortrag soll 90 Minuten dauern und wird mit 600 Euro vergütet. (Wundern Sie sich nicht über die teilweise detaillierte Beschreibung beim Ablauf des Vortrags – ich komme nach den Beispielen darauf zurück. Sie werden sehen, dass sich gerade in diesen Punkten die größten Vorteile verstecken.) Sehen wir uns zunächst an, wie es Markus ergeht:

1. Vortrag eines Generalisten

Markus sagt freudig zu: Er wollte sich seit längerer Zeit stärker mit dem Thema Hausaufgaben auseinandersetzen und sieht den Vortrag als wunderbare Gelegenheit. Er ruft die Verantwortliche an, um deren Wünsche und Vorstellungen zu erfragen. Diese teilt ihm mit, dass sie dies auf der Sitzung des Elternrats besprechen müsste und froh wäre, wenn sie einige Vorschläge von ihm hätte, auf die sie sich beziehen könnte. Markus wird es etwas mulmig. Er schreibt ungern Konzepte und merkt, dass er momentan zu wenig über das Thema weiß, um eines aus dem Ärmel schütteln zu können. Am Mittwochnachmittag stellt er sich vor sein Bücherregal. Schnell findet er sechs Bücher zum Thema Lernen, wobei sich zwei eher auf die Grundschule und das Thema Hausaufgaben beziehen. Er liest zwei Stunden, macht sich Notizen und beginnt zu schreiben. Nach 90 Minuten ist er fertig – und müde. Er sendet das Konzept ab.

Zwei Wochen später ruft ihn die Verantwortliche an: Der Vorschlag hat Anklang gefunden! Es sei dem Elternrat jedoch ein Anliegen, dass das Thema Gehirn ebenfalls behandelt wird. Schließlich wäre es doch spannend, wenn die Eltern erfahren würden, wie das Gehirn funktioniere und was beim Lernen auf neurobiologischer Ebene passiere. Ein Vorstandsmitglied hätte kürzlich ein Buch dazu gelesen und fände das

Thema faszinierend! Markus erklärt sich bereit, dies zu berücksichtigen. Er legt den Hörer auf: „Mist!" Alles, was er zum Gehirn weiß, stammt noch aus dem Studium und dem Biologieunterricht – viel zu wenig, um etwas dazu sagen zu können. Nach 30 Minuten Recherche im Internet hat er ein gutes Buch zum Thema gefunden und bestellt es.
Zwei Wochen später macht sich Markus an die Folien. Er war schon immer effizient, und obwohl er zunächst sein Wissen zum Gehirn auffrischen musste, hat er nach zwei Abenden zu jeweils vier Stunden die Folien zusammen. Es war viel Arbeit und die Folien sehen nicht besonders gut aus. Markus schießt der Gedanke durch den Kopf, dass sich die 600 Euro für den Vortrag nun doch nicht mehr so prickelnd anhören ... Er tröstet sich damit, dass er die Folien vielleicht wieder einmal nutzen kann.
Weitere zwei Wochen später meldet sich die Verantwortliche per Mail. Der Vortrag naht und es wäre an der Zeit, Flyer zu versenden. Ob Markus ihr einen Flyer schicken könnte, den sie dann anpassen, kopieren und verteilen werde? Damit hat Markus nicht gerechnet, wobei es ihm natürlich einleuchtet: Die Eltern müssen schließlich informiert werden! Am Sonntagabend setzt sich Markus hin – und müht sich ab. Das ist schwieriger als gedacht: Was soll er schreiben? Was spricht die Eltern an? Wo findet er ein passendes Bild? Ganze zwei Stunden dauert es, bis Markus einigermaßen zufrieden ist und den Flyer abschicken kann.
Am Tag des Vortrags ist Markus Zosso aufgeregt: Was werden die Eltern wissen wollen? Hat er die richtigen Themen ausgewählt? Schließlich steht er vor fünfzehn Eltern und schaltet den Beamer ein. Die Vorsitzende des Elternvereins ist ein wenig enttäuscht: So viele Stühle sind leer geblieben. Sie hatte mit mehr Interesse gerechnet. Ist das Thema doch nicht so aktuell? Markus spricht zunächst über Motivation, dann über einige Regeln, die Kinder dazu bringen sollen, die Hausaufgaben zu machen, und die Gestaltung des Arbeitsplatzes. Am Ende stellt er einige Lernstrategien vor. Gegen Ende meldet sich eine Mutter: „Ab wann sollten die Kinder die Hausaufgaben alleine machen? Ich muss bei meiner Tochter ständig danebensitzen – sonst macht sie gar nichts. Haben Sie dazu einen Rat?" Darauf weiß Markus leider wenig zu sagen, außer, dass es wichtig sei, die Selbstständigkeit zu fördern. Drei weitere Mütter

schalten sich ein: Das sei ihnen auch klar, nur: Wie!? Markus versucht allgemeine Tipps zu geben, die jedoch keinen Anklang finden. Eine weitere Teilnehmerin möchte wissen, ob sie die Folien haben könnte und ob es ein Handout gebe. Markus verspricht, dass er eine kurze Zusammenfassung mit den wichtigsten Tipps erstellen und die Folien schicken wird. Zehn Eltern schreiben ihm ihre E-Mail-Adressen auf.
Zwei Tage später macht sich Markus an das Handout. Er recherchiert kurz zum Thema „Förderung von Selbstständigkeit bei den Hausaufgaben", damit er dazu noch einen Tipp liefern kann, und schreibt die zehn wichtigsten Hinweise auf zwei A4-Seiten. Zwei Stunden später mailt er allen Interessierten die Folien und die Zusammenfassung.

Wie sieht Markus' Bilanz aus?

- Mails und Telefonate: 1 Stunde
- Einlesen und Konzept erstellen: 3,5 Stunden
- Einlesen und Folien erstellen: 8 Stunden
- Flyer erstellen: 2 Stunden
- Anreise: 1,5 Stunden
- Vortrag: 1,5 Stunden
- Fragen am Ende des Vortrags: 30 Minuten
- Handout erstellen und senden: 2 Stunden
- Gesamte Arbeitszeit: 20 Stunden
- Honorar für den Vortrag: 600 EUR

Markus war effizient: Es ist nicht leicht, in lediglich acht Stunden die Folien für einen 90-minütigen Vortrag zu erstellen, wenn man das Thema nicht in- und auswendig kennt. Was Markus wütend macht: Das Ganze hat sich überhaupt nicht gelohnt! Er hat 20 Stunden investiert, was seine Einnahmen für diesen Vortrag auf 30 Euro pro Stunde zusammenschmelzen lässt. Zudem musste er einen Sonntagabend opfern und fühlte sich mehr als einmal unter Druck. Mit der Qualität des Vortrags war er nicht wirklich zufrieden. Markus weiß zudem: Er kann es sich als Selbstständiger unmöglich leisten, für 30 Euro pro Stunde zu arbeiten. Schließlich muss er zusätzliche Arbeiten erledigen, die er nicht verrechnen kann – wie die Pflege seiner Webseite, Buchhaltung etc. Und dann sind da noch die Miete für die Praxis, die Krankenkasse,

Steuern und die Altersvorsorge, die er ganz alleine berappen muss. Auf Vorträge wird er sich auf jeden Fall nicht mehr einlassen.
Sehen wir uns nun an, wie sich die Szene verändert, wenn ein Spezialist für einen Vortrag angefragt wird:

2. Vortrag eines Spezialisten
Die Verantwortliche eines Elternvereins schreibt mir eine E-Mail. Sie hätte auf unserer Webseite gesehen, dass wir einen Vortrag zum Thema „Mit Kindern lernen" anbieten, den sie gerne für ihren Elternverein buchen würde. Ich wähle in meinem E-Mail-Programm die Vorlage „Vortrag mit Kindern lernen" aus. Diese besteht aus einer Antwort-E-Mail mit einer kurzen Beschreibung des Vortrags und der Dinge, die ich benötige (Flipchart, Beamer), sowie zwei Anhängen: einem ansprechend gestalteten Konzept und einem Beispiel-Flyer.
Tags darauf erhalte ich eine Antwort-E-Mail. Die Kundin freut sich über die rasche und ausführliche Antwort. Zwei Wochen später erhalte ich die Bestätigung über die Buchung des Vortrags.
Am Tag des Vortrags sehe ich mir nochmals kurz meine Folien durch. Ich entdecke eine Folie, die mir inzwischen weniger sinnvoll erscheint, und passe sie an. Ich freue mich auf den Abend. Einige Stunden später stehe ich vor neunzig Eltern. Die Präsidentin des Elternvereins ist überrascht: So viele Zuhörerinnen kommen sonst nicht. Sie mussten sogar noch einige Stühle hinzubringen, damit alle Platz finden. Das Thema brennt den Eltern scheinbar unter den Nägeln.
Ich begrüße die Eltern und frage sie, was sie wissen müssten, damit sie sagen können: Der Vortrag hat sich gelohnt! Einige melden sich. Sie möchten wissen, wie man Kinder zum Lernen motiviert, mit Hausaufgabenkonflikten umgeht, ob man als Eltern helfen soll, wie man die Selbstständigkeit beim Lernen fördert und vieles mehr. Ich schreibe die Themen ans Flipchart und behandle eine Frage nach der anderen. Es wird viel gelacht – die Eltern fühlen sich ertappt, als ich Szenen eines Hausaufgabenkampfs schildere und typische Sätze einflechte wie „Wenn du es jetzt machen würdest, könntest du den freien Nachmittag ohne Gedanken an die Aufgaben genießen! Diese Diskussionen dauern ja länger als die Hausaufgaben!" Eine Mutter ruft: „Das sind genau meine Sätze!"

Als eine Mutter fragt, ob diese Tipps auch für Kinder mit ADHS gelten, bejahe ich, gebe aber zusätzlich einen spezifischeren Tipp und weise kurz auf unser Seminar „Erfolgreich lernen mit ADHS“ hin.

Das Publikum taut auf, die Eltern stellen Fragen und der Vortrag entwickelt sich zu einer spannenden Diskussion. Am Ende teile ich den Eltern mit, dass es schwierig sei, so viele Tipps auf einmal umzusetzen, und füge hinzu: „Wir haben einen Online-Kurs zum Thema ‚*Mit Kindern lernen*‘ entwickelt. Dieser besteht aus 12 Lektionen, die sich jeweils mit einem Thema befassen: Motivation, Selbstständigkeit, Lernstrategien, etc. Jede zweite Woche erhält man eine Lektion. So kann man sich auf eine Sache nach der anderen konzentrieren und diese in den Alltag einbauen. Wenn Sie die Unterlagen und die Folien möchten, können Sie mir einfach Ihre E-Mail-Adresse dalassen, dann trage ich Sie ein. Ich werde Ihnen auch den Link zu unseren Seminaren schicken.“

Am Ende des Vortrags bedanken sich viele Eltern für den spannenden und hilfreichen Vortrag. Die Präsidentin des Elternvereins freut sich sehr über den Erfolg. Zehn Eltern kaufen mein Buch *Mit Kindern lernen*.

Am anderen Tag trage ich die E-Mail-Adressen in unser Mail-Programm ein. Sogleich wird die erste E-Mail mit der ersten Lektion und dem Hinweis auf unsere Seminare versendet. Noch in derselben Woche meldet sich eine Mutter für unser Seminar „Erfolgreich lernen mit ADHS“ an und ein Elternpaar für das Seminar „Die besten Lernstrategien für Kinder“. Zwei Monate später kontaktiert mich ein Mitglied eines Elternbeirats des Nachbardorfes: Sie hätte den Vortrag besucht und würde mich gerne für den gleichen Vortrag an ihrer Schule buchen. Ein halbes Jahr später meldet sich eine weitere Mutter aufgrund dieses Vortrags für ein Seminar an. Einige Eltern haben zudem unseren Online-Kurs, unsere Webseite und die Facebook-Seite weiterempfohlen.

Und so sieht meine Bilanz aus:

- Mails und Telefonate: 15 Minuten
- Folien überarbeiten: 15 Minuten
- Anreise: 1,5 Stunden
- Vortrag: 1,5 Stunden
- Fragen am Ende des Vortrags: 30 Minuten
- Gesamte Arbeitszeit für diesen Vortrag: 4 Stunden
- Honorar für den Vortrag: 600 EUR

Weitere Einnahmen durch den Vortrag: vier verkaufte Seminarplätze, eine Anfrage für einen weiteren Vortrag, zehn verkaufte Bücher. Natürlich ist dieser schönen Bilanz sehr viel Arbeit vorausgegangen. Der Clou ist jedoch: Die Arbeit des Spezialisten kumuliert sich – so entstehen bereits ab dem zweiten Vortrag zum gleichen Thema immense Vorteile.

Ihre Kunden haben klare Vorstellungen

Wir erhalten regelmäßig Anfragen für unseren Vortrag „Mit Kindern lernen". Das Schöne ist, dass die Kunden meist unseren Online-Kurs absolviert, bereits andernorts einen Vortrag gehört oder mein Buch zu diesem Thema gelesen haben. Sie haben dadurch klare Vorstellungen, was wir anbieten und wer wir sind, und buchen uns, weil sie unser Angebot anspricht. Damit entfallen Diskussionen über die Inhalte des Vortrags, längere Besprechungen oder die Frage, ob wir Referenzen schicken könnten. Dies spart jedes Mal Zeit.

Wiederkehrende Abläufe lassen sich standardisieren und automatisieren

Als Experte kommen Sie in den Genuss sich wiederholender Abläufe. Dadurch lohnt es sich beispielsweise, sich einmal Zeit für eine gute Antwortmail zu nehmen und an einem interessanten und attraktiv gestalteten Konzept zu feilen, das Sie immer wieder nutzen können. Meine Antwortmail mit Flyer und Konzept wirkte deutlich professioneller als die von Markus – obwohl der Zeitaufwand deutlich geringer war.

Sie können Abläufe, Unterlagen etc. optimieren

An meinen Vortrag kamen deutlich mehr Menschen als an Markus' Vortrag. Wieso? Hauptsächlich, weil mein Flyer das Interesse der Eltern weckte. Über mehrere Vorträge hinweg experimentierte ich so lange mit

Text und Bild, bis der Flyer die Eltern ansprach. Heute muss ich über meinen allerersten Versuch lachen: Er enthielt kein Bild, viel zu viel Text und Themen, die die Eltern kaum interessieren.

Wie bin ich zu einem guten Flyer gekommen? Anhand der Antworten auf meine Frage zu Beginn des Vortrags, was die Eltern zum Thema Hausaufgaben wissen wollten, stellte ich mit der Zeit fest, dass vier Fragen immer wieder gestellt werden:

- Wie kann ich mein Kind motivieren?
- Wie gehe ich mit Hausaufgabenkonflikten um?
- Wie kann ich die Selbstständigkeit meines Kindes fördern?
- Welche Lernstrategien sind für Primarschulkinder sinnvoll?

Mein Flyer besteht nun nur noch aus einem Bild, diesen vier Fragen und dem Text: *Antworten zu diesen und anderen Fragen rund um die Themen Lernen und Hausaufgaben gibt der Psychologe Fabian Grolimund am (Datum) in der Aula der (Name der Schule).*

Die Veranstalterin muss dann nur noch das Datum und den Namen der Schule eintragen.

Spezialisten sind kompetenter

Markus wurde von der Präsidentin wie folgt vorgestellt: „Herr Markus Zosso ist Eltern- und Familiencoach. In dieser Funktion wird er auch immer wieder mit dem Thema Lernen konfrontiert. Heute erzählt er uns, worauf Eltern achten können, um ihre Kinder beim Lernen und den Hausaufgaben sinnvoll zu unterstützen."

Diese Vorstellung stellt einen Bezug zum Thema her und weist Markus durchaus als kompetent aus. Als Spezialist klingt man jedoch gleich eine Ecke kompetenter: „Herr Fabian Grolimund ist Lerncoach und berät seit zehn Jahren Eltern und Jugendliche bei Lernschwierigkeiten. Heute ist er hier, um uns zu erzählen, wie wir Kinder beim Lernen und den Hausaufgaben sinnvoll unterstützen können." Ein weiterer Vorteil des Spezialisten ist, dass er nicht nur kompetenter wirkt, sondern auch kompetenter ist. Der Generalist mag mehr wissen als der Spezialist – aber nicht zum Vortragsthema.

Dies betrifft mehrere Formen des Wissens. Während das Fachwissen des Generalisten viele Themen umfasst, ist das des Spezialisten auf einige wenige Themen begrenzt – hier geht es jedoch in die Tiefe und ist differenzierter, wodurch Letzterer flexibler auf Fragen eingehen kann. Gleichzeitig lernt der Spezialist seine Zielgruppe immer besser kennen. Als Spezialistin wissen Sie mit der Zeit, welche Fragen Ihre Zielgruppe zu einem bestimmten Thema hat, und können sich überlegen, wie Sie möglichst gut darauf antworten, das heißt richtig, spannend und vielleicht sogar mit einer Prise Humor!

Sie können Erwartungen übertreffen

Als Spezialist können Sie überraschende Angebote schaffen und damit Erwartungen übertreffen. Kein Zuhörer würde erwarten, dass er nach einem (für die Eltern kostenlosen) Vortrag per E-Mail ein fast 100-seitiges Skript in Form eines Online-Kurses erhält. Es wäre unverhältnismäßig, ein solches Skript für einen einzelnen Vortrag zu schreiben. Geben Sie jedoch regelmäßig Vorträge, Seminare und Workshops zu einem Thema, ergibt dies durchaus Sinn – und jedes Mal überraschen und begeistern Sie damit. Dabei können Sie mit einem kurzen Handout beginnen, das sich nach jedem Vortrag oder Seminar weiter ausbauen lässt.

Marketing und Werbung fallen leichter

Markus Zosso hoffte, dass jemand aus dem Publikum ihn später als Familiencoach in Anspruch nehmen wird. Diese Hoffnung wurde enttäuscht, denn sein Vortrag war nicht gut genug, um den Eltern das Gefühl zu geben, dass sich eine Investition von 120 Euro pro Sitzung lohnt. Zudem war sein sonstiges Angebot „Beratung bei Erziehungsproblemen" für die Eltern zu diffus. Mir fiel es deutlich leichter, bei dem Vortrag neue Klienten zu gewinnen. Vier Punkte haben dazu beigetragen, dass einige Eltern Seminare gebucht haben:

- Mein Flyer hat die Eltern bei ihren wichtigsten Fragen abgeholt, daher kamen mehr Teilnehmer als bei Markus.
- Viele Eltern erhielten auf ihre Fragen gute Antworten und empfanden den Vortrag entsprechend als spannend und nützlich. Es entwickelte

sich bei ihnen die Überzeugung, dass ich ihnen auch auf weitere Fragen in diesem und in ähnlichen Bereichen nützliche und auf sie abgestimmte Antworten geben könnte.

- Da ich konkrete, vertiefende Angebote erwähnte (zum Beispiel ein Tagesseminar zum Thema „Lernen mit ADHS“), fühlten sich einige Eltern direkt angesprochen. Sie dachten sich vielleicht: „Hey, mein Kind hat Lernschwierigkeiten und ADHS – das ist genau das, was ich brauche!“
- Dadurch, dass mir die Eltern ihre E-Mail-Adressen gaben und ich ihnen über diesen Kanal alle zwei Wochen ein nützliches PDF zusenden konnte, blieben wir in Kontakt. Als eine Mutter vier Monate später von der Lehrerin erfuhr, dass ihr Kind Schwierigkeiten beim Lesen hat, hatte sie meinen Namen präsent. Als eine Woche darauf eine E-Mail mit einer für sie besonders spannenden Lektion eintraf, fasste sie sich ein Herz und meldete sich an. Bei Markus hätte die gleiche Mutter – selbst wenn er sie mit seinem Vortrag überzeugt hat – vielleicht gedacht: Da war doch mal ein Vortrag mit so einem Coach ... wie hieß der noch?

Weitere Vorteile der Spezialisierung finden Sie im Marketing-Kapitel.

Fazit

Als Expertin oder Experte können Sie einer bestimmten Zielgruppe mit weniger Aufwand einen größeren Nutzen bieten. Sie können wiederkehrende Abläufe standardisieren, Material mehrfach nutzen und entsprechend mehr Zeit investieren, um Ihre Folien oder Skripte auszuarbeiten. Sie können Ihre Leistung immer besser auf die Fragen, Probleme und Bedürfnisse Ihrer Zielgruppe abstimmen, da Sie diese besser kennen. Darüber hinaus können Sie Angebote entwickeln, die für die Zielgruppe so attraktiv sind, dass Ihre Kunden diese gerne in Anspruch nehmen. Die Formel „Work smarter not harder“ und den Leitsatz „Konzentriere dich auf das Wesentliche“ zu befolgen, fällt dem Experten leichter. Er weiß, was er wem anbieten will und woran er arbeiten sollte.

Allerdings möchte ich nochmals darauf hinweisen, dass es erfolgreiche Generalisten gibt! Sobald Sie aber nicht nur Einzel-Coachings anbieten, sondern auch Vorträge, Workshops oder Seminare, ist es fast zwingend, dass Sie sich stärker auf ein Thema fokussieren. Natürlich können Sie auch eine Mischform wählen. So gibt es Generalisten unter den Coaches, die ein breites Angebot haben, sich jedoch zusätzlich in ein bestimmtes Thema vertiefen und dazu Vorträge und Seminare anbieten. Auf der anderen Seite gibt es viele erfolgreiche Experten, die mit einem sehr engen Fokus beginnen, sich zu einem bestimmten Thema einen Namen machen und dann zu neuen Ufern aufbrechen. Als eher breit aufgestellter Coach oder Berater können Sie für Ihr Marketing die Strategien der Spezialisten nutzen, indem Sie sich in einem Thema besonders fit machen. Markus kann sich beispielsweise fragen:

- Welche Themen interessieren mich besonders?
- Zu welchen Themen verfüge ich bereits über Fachwissen oder Erfahrung?
- Auf welche Fragestellungen treffe ich in meinem Praxisalltag besonders oft?
- Welche Themen sind für ein breiteres Publikum interessant?

Vielleicht taucht ein Thema immer wieder auf – beispielsweise Cybermobbing, Umgang mit Medien oder Probleme mit dem Taschengeld. Markus könnte sich in einen dieser Bereiche stärker einlesen, ein gutes Vortragskonzept erstellen, einige Artikel auf seiner Webseite publizieren und dieses Thema nutzen, um seine Praxis als Familiencoach bekannter zu machen.

Übung

Wo stehen Sie auf dem Kontinuum vom Allrounder bis hin zum Experten? Analysieren Sie Ihre Angebote und – falls vorhanden – Ihre Flyer oder Ihre Webseite. Fragen Sie sich:

- Wird deutlich, an welche Zielgruppe(n) ich mich richte?
- Wird sofort klar, was ich anbiete?
- Haben die Zielgruppen und Angebote einen gemeinsamen Nenner, der für jeden ersichtlich ist?
- Besteht ein Bezug zu meiner Person? Wird deutlich, weshalb ich mich an diese Zielgruppe(n) wende und weshalb ich in diesem Bereich kompetent bin?

Holen Sie dazu auch eine Außenperspektive ein. Bitten Sie jemanden aus Ihrem Bekanntenkreis, sich Ihre Webseite anzusehen und Ihnen danach zu beschreiben, welche Zielgruppe(n) Sie ansprechen, was Sie anbieten und woraus er ableitet, dass Sie der richtige Anbieter sind und man genau Sie buchen sollte. Je länger die andere Person überlegen muss und je weniger ihr einfällt, desto größer ist der Handlungsbedarf.

Spezialisierung klingt gut – aber wie gehe ich vor?

Möchten Sie die Vorteile der Spezialisierung für sich nutzen, wissen aber nicht, wie Sie dabei vorgehen sollen? Es ist tatsächlich nicht einfach, seine Nische zu finden. Sie könnten sich fokussieren auf

- eine bestimmte Personengruppe
- ein Thema
- ein Problem, ein Bedürfnis oder ein Ziel
- eine Methode
- ein geografisches Gebiet
- eine bestimmte Aufgabe
- ...

Meist ist es sinnvoll, diese Variablen zu kombinieren. Für unser Projekt „Mit Kindern lernen" würde dies beispielsweise wie folgt aussehen:

- Personengruppe: Eltern von Primarschulkindern
- Problem: Schwierigkeiten rund um die Themen Lernen und Hausaufgaben
- Bedürfnis: Sicherheit im Umgang mit dem eigenen Kind und dem Thema Lernen bzw. Schule
- Methode: Orientierung am aktuellen Stand der wissenschaftlichen Forschung
- Angebote: Vorträge, Seminare, Buch, Webseite, Online-Kurs, Filme
- Gebiet: Schweiz mit Schwerpunkt Zürich und Bern.

Theoretisch sieht es so aus, als würde man sich hinsetzen, darüber nachdenken, worauf man sich spezialisieren will, und dann loslegen. In der Realität läuft es in den wenigsten Fällen so ab. Auch wenn viel Zeit in die

Planung gesteckt und ein präziser Businessplan ausgearbeitet wurde, ist dieser meist schon veraltet, sobald er aus dem Drucker kommt. Dennoch: Es gibt einige Strategien, die Ihnen bei der Spezialisierung helfen. Dabei müssen Sie sich nicht auf eine beschränken, sondern können sie auch entsprechend Ihren Bedürfnissen kombinieren.

Strategie 1: Orientierung an den eigenen Stärken, Werten und Interessen

Bei dieser Strategie gehen Sie von sich aus. Fragen Sie sich:

- Was kann ich gut?
- Was interessiert mich am meisten?
- Wozu weiß ich besonders viel?
- Worin habe ich Erfahrung?
- Welche Themen sprechen mich emotional an?
- Mit welcher Methode fühle ich mich wohl?
- Wie sieht meine ideale Arbeitswoche aus?

Sybille Walz ist Sozialarbeiterin und hat sich, weil sie selbst Scheidungskind ist, während ihres Studiums insbesondere für die Auswirkungen von Scheidungen auf Kinder interessiert und dazu Ihre Masterarbeit verfasst. Sie interessiert sich brennend für diese Thematik und bringt einiges an Vorwissen mit. Als sie sich nach einer Coaching-Ausbildung selbstständig macht, ist ihr klar, dass sie zu diesem Thema Angebote schaffen möchte. Sybille fühlt sich besonders wohl, wenn sie Einzelpersonen, Familien und kleine Gruppen beraten kann.

Strategie 2: Bewusste Auswahl einer Zielgruppe

Ausgangspunkt für eine Spezialisierung kann die Wahl einer bestimmten Zielgruppe sein. Sie könnten sich fragen:

- Für wen möchte ich gerne arbeiten? Wie sieht mein idealer Kunde aus?
- Welche Probleme beschäftigen meine Zielgruppe? Wie kann ich dafür eine wirksame Lösung entwickeln?

KMU-Berater Heiner Sommer hat bemerkt, dass es ihm besonders viel Freude bereitet, Inhaber von Restaurants und Cafés zu beraten. Er will sich als Restaurant-Berater positionieren und beginnt, alles zu lesen, was in irgendeiner Form mit dem Thema „Erfolg in der Gastronomie" zu tun hat. Sein Wissen macht er über einen Blog sichtbar, wo Heiner auch erfolgreiche Wirte und Gastronomen zu ihren Erfolgsstrategien interviewt. Schon bald ist er in seiner Stadt der kompetenteste Ansprechpartner, wenn es um die Frage geht, wie ein Restaurant oder Café seinen Gewinn steigern kann.

Strategie 3: Den vorhandenen Markt stärker segmentieren

Falls Sie sich bisher eher an ein breites Publikum gewandt haben, können Sie dieses segmentieren. Dazu teilen Sie Ihren Markt in einzelne homogenere Gruppen, also Zielgruppen mit ähnlichen Problemen, Bedürfnissen und Zielen, auf.

Sieglinde Mauser ist Trainerin im Bereich Kommunikation, Rhetorik und Präsentation und nutzt diese Strategie, um spezifischere Angebote zu schaffen. Bisher hat sie sehr allgemein gehaltene Seminare zu den Themen Rhetorik und Präsentation angeboten. Sie war jedoch oft frustriert, weil die Wünsche der einzelnen Seminarteilnehmer zu weit auseinandergingen. Regelmäßig hatte Sieglinde das Gefühl, nicht allen gerecht zu werden: Der selbstsichere Manager, der sich für seine Präsentationstechnik den letzten Schliff wünschte, störte sich an der Doktorandin, die ihre Vortragsangst verlieren wollte. Diese wiederum konnte sich in diesem Klima nicht mit ihren Ängsten auseinandersetzen. Sieglinde will diesem Problem begegnen, indem sie verschiedene Angebote für verschiedene Zielgruppen mit ähnlichen Wünschen anbietet. Dazu versucht sie Ihre bisherigen Seminarteilnehmerinnen Zielgruppen zuzuordnen, die sich ähnlichen Herausforderungen gegenübersehen. Für einzelne dieser Gruppen entwickelt Sieglinde Angebote, die sich möglichst genau mit den Kundenwünschen decken.

Sie überlegt zuerst, nach welchen Kriterien sie ihre Klienten in einzelne Gruppen einteilen könnte. Dazu fallen ihr die Bereiche Berufsfeld, Art der Zielsetzung bzw. des Problems und Kompetenzen, die aufgebaut werden müssen, ein:
Natürlich könnte Sieglinde beliebig viele weitere Kriterien für die Segmentierung verwenden. Es geht hier aber nicht um Vollständigkeit – es reicht, wenn dadurch Ideen für spezifischere Angebote entstehen.

Bei der Differenzierung von Zielgruppen ist wichtig, dass die Gruppen

- groß genug sind
- einen Bedarf aufweisen
- gut erreichbar sind
- homogen genug sind.

Der letzte Punkt bedeutet, dass die einzelnen Personen und ihre Wünsche sich ähnlich sind und diese daher ähnlich reagieren – auf die Art und Weise des gewählten Marketings wie auf die vermittelten Inhalte. Viele Rhetorik-Trainer empfehlen beispielsweise, auf Power-Point zu verzichten und stattdessen ein Flipchart zu nutzen. Diese Empfehlung passt bestens für Trainer und Redner. Sie ist – je nachdem – für Manager umsetzbar. Bei Wissenschaftlern an einer Universität werden die Studierenden wahrscheinlich reklamieren, wenn sie keine Folien erhalten, die sie für die Prüfungsvorbereitung nutzen können. Politiker schließlich können meist weder auf Folien noch auf ein Flipchart zurückgreifen – es würde ihnen wenig nützen, entsprechende Fähigkeiten zu erlernen.

Sieglinde muss also ihr Publikum und dessen Bedürfnisse kennen, um die vermittelten Inhalte darauf abzustimmen. Je homogener die Gruppe ist, desto leichter fällt es, ein Angebot zu entwickeln, das den Teilnehmern im Alltag tatsächlich weiterhilft. Nachdem Sie Gruppen gebildet haben, überlegen Sie, für welche Gruppen Sie ein Angebot schaffen möchten.

Sieglinde überlegt sich als Zweites, welche Produkte sie gerne entwickeln würde. Dabei sprechen sie drei Themen besonders an:

1. Kurs „Im Meeting überzeugen“ für Manager

2. „Von der Produktpräsentation zum Verkaufsschlager" für Verkäufer, Unternehmer und Selbstständige.
3. „Mitreißen und das Publikum überzeugen" für Trainer, Seminarleiterinnen und Autoren.

Mehrere Gründe sprechen dafür, mit dem Kurs „Im Meeting überzeugen" zu starten: In Sieglindes bisherigen Seminaren waren Manager bisher die größte Gruppe, deren Anliegen sie zudem am besten kennt. Ein weiterer Vorteil bei der Wahl dieser Zielgruppe besteht darin, dass zufriedene Teilnehmer sie für Inhouse-Seminare weiterempfehlen könnten.

Strategie 4: Auf den Markt hören

Sie können auch auf den Markt hören: Was wird immer wieder gewünscht? Wonach fragen Ihre Kunden?

Sieglindes Überlegungen trugen Früchte. Nach einer kurzen Anlaufzeit lief ihr Kurs „Im Meeting überzeugen" gut an. Im Verlauf mehrerer Durchführungen stellte sie fest, dass die Teilnehmer sich zu spezifischen Punkten vertiefte Informationen wünschten. Ihr Kursteil „Prozesse und Ergebnisse visualisieren" kam so gut an, dass mehrere Personen anmerkten, dass sie dazu gerne mehr hören möchten und – sofern es dazu einen separaten Seminartag gebe – diesen gerne besuchen würden. Sieglinde machte sich an die Arbeit. Sobald der Workshop entwickelt und ausgeschrieben war, informierte sie alle ehemaligen Teilnehmer ihres ersten Kurses über das neue Angebot. Ihre Strategie ging auf: Der neue Kurs stieß auf reges Interesse.
Von nun an konnte Sieglinde bei der Durchführung des Seminars „Im Meeting überzeugen" die kurze Einführung in den Bereich des Visualisierens nutzen, um auf das weiterführende Seminar hinzuweisen.

Bei Sieglinde werden zwei Vorteile dieser Strategie deutlich:

1. Wenn Sie beim Entwickeln spezifischer Angebote auf Ihre Kunden hören, wissen Sie bereits im Vorfeld, dass ein Bedarf vorhanden ist.

2. Ihre bisherigen Kunden kennen und schätzen Sie. Es ist einfacher, ihnen ein neues Angebot zu unterbreiten, als neue Kunden zu akquirieren.

Strategie 5: Die Evolutionsprinzipien zur Optimierung des Angebots nutzen

Man kann sich noch so viele Gedanken machen und seine Kunden noch so gut kennen – und mit einem Angebot dennoch meilenweit danebenliegen. Um Ihre Angebotspalette zu optimieren, können Sie die Prinzipien der Evolution nutzen: Mutation und Selektion. Schaffen Sie immer wieder neue Angebote für bestehende oder neue Zielgruppen und achten Sie darauf, ob diese vom Markt angenommen werden oder nicht.

Fragen Sie sich ganz pragmatisch:

- Was funktioniert?

In der Folge setzen Sie Ihre Energie und Zeit für das ein, was funktioniert, und reduzieren Ihr Engagement in anderen Bereichen. Dabei können Sie das Pareto-Prinzip (80/20-Prinzip) für sich nutzen. Dieses Prinzip geht auf den italienischen Ingenieur und Ökonomen Vilfredo Frederico Pareto zurück. Er entdeckte das Phänomen der Ungleichverteilung erstmals, als er die Verteilung von Reichtum und Einkommen in England untersuchte. Pareto stellte fest, dass eine kleine Minderheit von ca. 20 Prozent gut 80 Prozent des Vermögens besitzt. (Heute ist dieses Ungleichgewicht noch stärker ausgeprägt als damals.)

Richard Koch überträgt dieses Prinzip in seinem Buch *Das 80/20 Prinzip. Mehr Erfolg mit weniger Aufwand* (Koch, 2015) auf die Wirtschaft. Koch schreibt, dass „das Verhältnis zwischen Ursachen und Wirkung, Aufwand und Ertrag, Anstrengung und Ergebnis von einer inhärenten Unausgewogenheit bestimmt ist“ (S. 44).

So gibt es meist wenige Faktoren, die wesentlich zum Ergebnis beitragen, und mehr, die kaum Einfluss ausüben. Das mag nun etwas theoretisch klingen. Folgendes Beispiel illustriert, wie Sie durch die Verwendung dieses Prinzips das Verhältnis von Aufwand und Ertrag drastisch verbessern können.

Als meine Kollegin Stefanie Rietzler und ich Ende 2014 unsere Einnahmen genauer unter die Lupe nahmen, fielen wir aus allen Wolken. Wir hatten zu diesem Zeitpunkt sechs verschiedene Seminare für Eltern und Jugendliche über unsere Webseite angeboten. Eine Auswertung nach dem Pareto-Prinzip zeigte, dass ein einziges dieser Seminare ca. 60 Prozent des Umsatzes erwirtschaftete. Noch extremer wurde diese Verteilung, als wir den Gewinn betrachteten, da die Kosten für Räume, Administration etc. bei gut besuchten Seminaren abnehmen. In Tabellenform sieht das Ergebnis wie folgt aus:

Tabelle 2: Gewinnanalyse des Seminarangebots 2014

Seminar	Umsatz in %	Gewinn in %
Seminar A	60 %	70 %
Seminar B	15 %	25 %
Seminar C	10 %	5 %
Seminar D	8 %	Verlust
Seminar E	5 %	Verlust
Seminar F	2 %	Verlust

Falls Sie zu ähnlichen Ergebnissen kommen, sollten Sie eine Selektion vornehmen. Wir nahmen die Seminare D, E und F aus unserem Portfolio. Dies schaffte Platz für Neues. Wir entwickelten die Seminare G und H. Ende des nächsten Jahres war unser Umsatz deutlich höher und es zeigte sich die folgende Verteilung:

Tabelle 3: Gewinnanalyse des Seminarangebots 2015

Seminar	Umsatz in %	Gewinn in %
Seminar A	35 %	45 %
Seminar B	25 %	30 %
Seminar H	20 %	20 %
Seminar C	12 %	5 %
Seminar G	8 %	Verlust!

Eines der neuen Seminare (H) entwickelte sich sehr erfolgversprechend. Seminar G hingegen nicht – wir stellten es wieder ein. Auch Seminar C führten wir nicht weiter und entwickelten stattdessen ein neues Angebot. Solche Analysen lassen sich auch für weitere Faktoren (Standorte, Auftraggeber, Branchen etc.) durchführen, um besonders erfolgsrelevante Zielgruppen auszumachen.
So boten wir damals Seminare in mehreren Städten der Schweiz an. Ein Blick auf die Besucherstatistik unserer Internetseite und die Teilnehmerzahlen zeigte jedoch: Über 70 Prozent unserer Webseitenbesucher kamen aus dem Raum Zürich und Bern und die Seminare in Zürich erfreuten sich deutlich größerer Teilnehmerzahlen. Wir fokussierten unser geringes Marketingbudget daher zunächst auf Zürich und beschränkten uns darauf, unsere Seminare dort anzubieten.

Setzen Sie auf die Gewinner-Pferdchen

Ignoriert man das Pareto-Prinzip, kann das zu kontraproduktivem Verhalten führen: Wir verwenden unsere Energie auf die Dinge, die nicht funktionieren. So haben wir uns beispielsweise viele Gedanken über die Seminare gemacht, die keinen Anklang fanden. Wir haben uns gefragt, wie wir diese zusätzlich bewerben könnten, und haben unser Werbebudget dafür eingesetzt, um auf diese aufmerksam zu machen.

Das Pareto-Prinzip rät uns zum genauen Gegenteil: Ziehen Sie Energie aus denjenigen Bereichen ab, die wenig zum Ergebnis beitragen, und konzentrieren Sie sich auf diejenigen Zielgruppen, Angebote, Kunden, Werbekanäle, Kooperationspartner oder Standorte, die wesentlich zum Erfolg beitragen. Dies ist deshalb wichtig, weil sich in diesen Bereichen mit weniger Aufwand mehr erreichen lässt. Wenn Sie nun deutlich mehr Energie, Zeit und Geld in diese Projekte stecken, werden Sie überrascht sein, wie viel zurückkommt.

Als wir die Seminare D, E und F von der Webseite nahmen, die zwei Seminare, die besonders Anklang fanden, stärker bewarben und für die Zielgruppe, die am meisten Interesse zeigte, ein weiteres Seminar entwickelten, verdoppelte sich unser Umsatz innerhalb eines Jahres. Sie können ähnlich vorgehen. Machen Sie mithilfe der Analyse ein Seminar aus, das besonders gut besucht oder oft gebucht wird, und wählen Sie einen oder mehrere Schritte aus. Sie können

- dieses Angebot häufiger unterbreiten
- dieses Angebot an weiteren Standorten präsentieren
- mehr Werbung für dieses Angebot schalten
- Artikel zu diesem Thema auf Ihrer Webseite veröffentlichen
- auf anderen Blogs Gastartikel zu diesem Thema schreiben
- Zeitschriftenartikel oder sogar ein Buch dazu verfassen
- weitere Angebote für diese Zielgruppe entwickeln.

Wenn ein Standort heraussticht, überlegen Sie,

- Ihre Werbung auf diesen Standort zu konzentrieren
- an diesem Standort regelmäßiger Veranstaltungen anzubieten
- Kooperationspartner zu suchen, die Sie vor Ort unterstützen können.

Analysieren Sie auch Ihre Werbekanäle auf Wirksamkeit, verzichten Sie auf die weniger profitablen und investieren Sie das frei gewordene Budget in die besten Kanäle.

Geben Sie acht auf die jungen Pflänzchen

Das Pareto-Prinzip muss mit Sorgfalt verwendet werden, da die Kosten-Nutzen-Relation von vielen Faktoren beeinflusst wird. Zu rigide verwendet, kann es die Produktivität negativ beeinflussen. So hängt der Ertrag einer Dienstleistung beispielsweise von ihrem Lebenszyklus ab. Es ist klar, dass ein Angebot, das Sie eben erst entwickelt haben, noch etwas Zeit benötigt, um sich in den Köpfen Ihrer Zielgruppe festzusetzen. Falls Sie bereits viel Arbeit in ein Seminar oder Coaching-Angebot gesteckt haben und es Ihnen am Herzen liegt, ist es sinnvoll, es nicht gleich aus dem Programm zu nehmen. Passen Sie den Titel oder die Seminarausschreibung an oder publizieren Sie einige Artikel zu diesem Thema auf Ihrer Webseite. Wir konnten mehrfach feststellen, dass ein anderer Ausschreibungstext allein die Teilnehmerzahl verdoppeln oder verdreifachen kann. Helfen diese Maßnahmen nicht, ist es sinnvoll, sich von diesem Angebot zu verabschieden.

Diversifizierung: Richtig in die Breite gehen

Haben Sie ein Angebot entwickelt, das einen spezifischen Bedarf abdeckt und rentabel ist, können Sie davon ausgehend diversifizieren. Dabei sind zwei Wege besonders erfolgversprechend: Sie können einerseits weitere Angebote für die gleiche Zielgruppe entwickeln oder Seminare und Coachings zum gleichen Thema für andere Zielgruppen anbieten.

Weitere Angebote für die gleiche Zielgruppe

Bei dieser Strategie bauen Sie auf bereits vorhandenen Kontakten auf. Sie nutzen den Umstand, dass Sie die Zielgruppe gut kennen, indem Sie genau zuhören, wo die Wünsche und Probleme Ihrer bestehenden Auftraggeber oder Klienten liegen. Oft sagen Ihnen diese sehr direkt, welche weiteren Angebote sie sich wünschen: „Könntet ihr nicht ein Seminar zu ... entwickeln?“

Wie im Beispiel mit Sieglinde nutzen Sie danach den bestehenden Kontakt zu Ihren Kundinnen, um das Angebot zu verkaufen. Wir erinnern uns: Es ist einfacher, einem zufriedenen Kunden ein weiteres Angebot zu verkaufen, als einen neuen Kunden zu finden.

Ich kann Ihnen dies auch aus der Sicht des Auftraggebers bestätigen: Wenn wir externe Dozierende für unsere Weiterbildung in Lerncoaching einladen und unsere Teilnehmer begeistert sind, sind wir gerne bereit, diese Experten für weitere Themen zu buchen. Schließlich sind wir uns bei ihnen sicher, dass sie ihre Arbeit gut machen, während neue Dozierende ein Risiko darstellen. Dasselbe gilt für andere Dienstleistungen: Wir arbeiten gerne mit Menschen zusammen, die wir bereits kennen und mögen. Wenn Ihnen die tolle Grafikerin, die Ihnen die Webseite gestaltet hat, sagt, dass sie auch Folien layoutet und Ihnen ansprechende Grafiken für Ihren Social-Media-Auftritt liefern kann, ist es sehr wahrscheinlich, dass Sie bei Bedarf auf diese Person zurückgreifen, anstatt jemand anders zu suchen.

Angebote zum gleichen Thema für andere Zielgruppen

Alternativ können Sie Ihr bereits vorhandenes Fachwissen und Ihren Bekanntheitsgrad nutzen, um weitere Zielgruppen zu erreichen. Falls Sie bisher Firmen einer bestimmten Branche beraten haben, überlegen Sie, welche weiteren Branchen mit ähnlichen Frage- und Problemstellungen konfrontiert sind. Je ähnlicher die Branchen, desto besser lässt sich Ihr Fachwissen übertragen.

Die Strategien, die ich in diesem Buch bespreche, lassen sich beispielsweise mit wenig Aufwand auf andere Branchen im Dienstleistungssektor anpassen: Ein Fotograf oder eine Grafikerin, die sich selbstständig machen, sehen sich mit ähnlichen Fragen konfrontiert wie Sie als Trainerin oder Coach. Auf Start-ups im Bereich der Produktion kann jedoch nur ein Teil der hier vorgestellten Konzepte übertragen werden.

Besonders vorteilhaft wirkt es sich aus, wenn die einzelnen Zielgruppen untereinander vernetzt sind. Dies ist bei uns beispielsweise bei den Zielgruppen Lehrkräfte und Eltern der Fall. Haben wir an einer Schule eine Fortbildung für Lehrkräfte angeboten, können wir immer wieder feststellen, dass Eltern dieser Schulen vermehrt unsere Elternseminare besuchen.

Bieten Sie Trainings oder Coachings für Firmen an, empfiehlt Sie der Abteilungs- oder Filialleiter vielleicht anderen Abteilungen oder Filialen. Bei kleineren Firmen könnte der Inhaber sein Netzwerk aus Zuliefererfirmen auf Sie aufmerksam machen. Dabei gilt: Je aktiver Sie diese Empfehlungen anregen, desto häufiger werden Sie einem anderen Kunden nahegelegt.

Unterschiedliche Varianten desselben Angebots

Sie können für dieselbe Zielgruppe zu demselben Thema unterschiedliche Angebote entwickeln. Klienten, die kein Einzel-Coaching beanspruchen wollen, wären vielleicht an einem Gruppencoaching, Seminar oder Vortrag zu den gleichen Inhalten interessiert. Andere wohnen zu weit weg, würden jedoch an einem Coaching über Zoom, Webinar oder Online-Kurs teilnehmen. Viele Experten bieten ihre Inhalte in verschiedensten Formaten an – und erreichen dadurch deutlich mehr Menschen. Dabei dienen niederschwellige Angebote wie Artikel, Bücher, Podcasts oder Online-Kurse oft als Einstieg in Dienstleistungen wie Seminare, Fortbildungen oder Coachings.

Angebote zu anderen Themen für neue Zielgruppen

Schließlich können Sie auch etwas gänzlich Neues wagen und dabei von Ihren bisherigen Erfahrungen und bestehenden Netzwerken profitieren.

Strategisch ist dieser Weg ungünstig – aber wie ich aus eigener Erfahrung weiß, kann die Motivation bei etwas wirklich Neuem so groß sein, dass man die strategischen Nachteile durch Begeisterung und Einsatz wettmacht. Mir macht es beispielsweise sehr viel Freude, dieses Buch zu schreiben – auch wenn es strategisch klüger wäre, ein weiteres Buch zum Thema Lernen zu verfassen.

Spezialisierung ist besonders hilfreich, um in einen Markt einzudringen

In vielen Büchern – vor allem zur EKS©, der Engpasskonzentrierten Strategie (vgl. Friedrich, Malik & Seiwert, 2009; Friedrich, 2014), wird eine sehr enge Spezialisierung als einzig richtiges Vorgehen für Selbstständige und Unternehmen beschrieben. Als Beispiel wird in praktisch jedem Buch der Zeitmanagement-Papst Lothar Seiwert aufgeführt. Anhand seiner Erfolgsgeschichte wird aufgezeigt, wie lohnenswert es ist, sich über Jahrzehnte auf ein einziges Thema zu fokussieren. Dabei wird ausgeblendet, dass es viele Experten gibt, die ein deutlich breiteres Feld bearbeiten und mindestens so bekannt – wenn nicht bekannter – sind, so zum Beispiel Manfred Spitzer, Richard David Precht, Gerald Hüther oder Vera F. Birkenbihl.

Was sich allerdings bei den meisten bekannten Experten zeigt: Sie haben sich zumindest zu Beginn auf ein Thema fokussiert. Wenn Sie sich am Anfang auf einen Schwerpunkt konzentrieren und die Spezialisierungsvorteile nutzen, gelingt es Ihnen rascher, im Markt Fuß zu fassen.

Ist es Ihnen geglückt, bei einer spezifischen Zielgruppe bekannt zu werden, können Sie diesen Erfolg nutzen, um in die Breite zu gehen.

Abschließende Gedanken zur Wahl der Zielgruppe

Die Wahl der richtigen Zielgruppe trägt viel zu Ihrem Erfolg bei. Sie sollten Ihre Zielgruppe mögen und sich mit deren Wünschen und Problemen identifizieren können. Darüber hinaus gibt es einige weitere Kriterien, die Ihnen das Marketing erleichtern bzw. erschweren können. Auf meine Frage, wer seine Zielgruppe sei, antwortete ein Coach wie folgt: „Menschen, die wissen, dass sie ein Leben lang wachsen und lernen können, und die bereit sind, sich mit sich selbst auseinanderzusetzen." Eine solche Definition bringt Ihnen nichts! Sie bedeutet so viel wie: Alle Menschen außer diejenigen, die sowieso nie ein Coaching in Anspruch nehmen würden.

Menschen suchen aufgrund ihrer Probleme ganz spezifisch nach Hilfestellungen. Sie geben beispielsweise „Eheprobleme Beratung" oder „Kind Wutausbrüche Beratung" oder „Coaching Führungskraft" in eine Suchmaschine ein. Sind Ihre Zielgruppe und Ihr Angebot zu unpräzise definiert, findet niemand Ihre Webseite. Gleichzeitig gilt: Durch zu schwammige Zielgruppendefinitionen fühlen sich zwar alle ein wenig, aber niemand richtig angesprochen. In der Folge bucht kaum jemand das Angebot. Daher ist es hilfreich, die Zielgruppe(n) klar benennen zu können. Falls Ihre hauptsächliche Klientel bereits vernetzt ist, beispielsweise über einen Branchenverband, eine Selbsthilfegruppe oder einen Verein, wird das Marketing noch deutlich einfacher. Gemeinsamkeiten mit Ihrer Zielgruppe sind hilfreich, wenn es darum geht, Vertrauen in Ihre Kompetenz aufzubauen. Falls Sie selbst nie in einer Führungsposition gearbeitet haben, ist es recht unwahrscheinlich, dass sich Führungskräfte mit Ihnen über Führungsthemen und -probleme austauschen möchten.

Übung

Stellen Sie Ihre Zielgruppe auf den Prüfstand: Welche Vorteile weist sie auf? Wo sehen Sie Probleme?

Checkliste Zielgruppe

Meine Zielgruppe lässt sich wie folgt definieren:

___

___

___

Meine Zielgruppe weist die folgenden Vorteile auf (bitte ankreuzen):

- ☐ Sie lässt sich klar benennen.
- ☐ Sie ist gut vernetzt über Vereine, Branchenverbände, Selbsthilfegruppen etc.
- ☐ Sie hat klar definierbare Probleme/Wünsche.
- ☐ Sie hat ein drängendes Problem, zu dem ich eine wirksame Lösung anbieten kann.
- ☐ Es gibt einen klaren Bezug zwischen den Problemen bzw. dem Bedarf meiner Zielgruppe und meinen Kompetenzen. Dieser Bezug wird rasch deutlich.
- ☐ Es gibt einen Bezug zwischen meiner Persönlichkeit bzw. meinem Lebensweg und meiner Zielgruppe.
- ☐ Sie kann meine Dienstleistung bezahlen.
- ☐ Ich mag meine Zielgruppe und kann mir vorstellen, über Jahre hinweg mit dieser Klientel zu arbeiten.

Was biete ich an?

Wenn Sie Ihre Zielgruppen genauer definiert haben, ist der erste Schritt zu einem erfolgreichen Angebot getan. Nun beginnt die spannende Phase der Produktentwicklung. Sie dürfen sich überlegen, welche Dienstleitung oder welches Produkt Sie anbieten möchten. Die folgenden Fragen helfen Ihnen bei der Entwicklung und Verbesserung Ihrer Angebote:

Was ist mir wichtig?

Entgegen vielen anderen Ratgebern möchte ich Ihnen vorschlagen, bei sich zu beginnen und nicht bei Ihren Klienten oder Kunden.

Fragen Sie sich:
- Was möchte ich mit meiner Arbeit bewirken?
- Inwiefern möchte ich durch meinen Beitrag die Welt zu einem besseren Ort machen?
- Für welches Ziel, welche Vision möchte ich mich täglich engagieren?
- Welche Werte sind für mich zentral? Wie könnten diese in mein Angebot einfließen?
- Auf welche Weise möchte ich meiner Zielgruppe dabei helfen, ihr Leben zu verbessern?

Sie werden am ehesten dann glücklich werden, wenn
- Ihre Arbeit für Sie Sinn ergibt.
- Sie Ihre Werte in Ihrer Arbeit verwirklicht sehen.

- Sie wissen, dass Ihre Arbeit einen positiven Unterschied im Leben von Menschen macht, die Ihnen wichtig sind.

Lassen Sie sich Zeit bei der Beantwortung dieser Fragen und gehen Sie in die Tiefe. Ihre Antworten werden Sie dabei unterstützen, konkrete Angebote zu entwickeln, sich im Markt zu positionieren, und sie geben Ihrem Angebot die persönliche Note, die es von anderen unterscheidet.

Wir beispielsweise möchten mit unserem Programm „Mit Kindern lernen" nicht in erster Linie dazu beitragen, dass Kinder und Jugendliche gute Noten schreiben oder den Sprung ins Gymnasium schaffen. Uns ist wichtig, dass die Beziehung zwischen Eltern und Kindern durch Lernschwierigkeiten nicht getrübt wird. Wir möchten, dass Lehrkräfte sich auf Kinder mit Schwierigkeiten einlassen und diese wirksam unterstützen können. Und wir wünschen uns, dass Kinder in ihrem Tempo lernen dürfen, die Freude am Lernen entdecken und sich in der Schule wohlfühlen. Diese Zielsetzungen unterscheiden uns beispielsweise von typischen Nachhilfeinstituten. Sie beeinflussen, wer bei uns Kunde wird und welche Angebote wir entwickeln. Ein Nachhilfeinstitut zu führen könnte lukrativer sein – aber dafür würden wir persönlich unsere Lebenszeit nicht einsetzen wollen.

Wofür möchten Sie einstehen? Was ist Ihnen wichtig? Was möchten Sie im Leben anderer bewirken?

Was ist meinen Kunden wichtig?

Wenn Sie wissen, was Ihnen wichtig ist, können Sie sich fragen, wofür Ihre Kunden bereit wären, Ihre Dienste in Anspruch zu nehmen:

- Welche Sorgen und Probleme lassen Ihre Zielgruppe nachts nicht schlafen?
- Was sind die brennendsten Wünsche Ihrer Kunden?
- Welche Tätigkeiten oder Aufgaben bereiten Ihren Klienten Mühe?
- Woran messen Ihre Kunden Qualität?
- Wofür geben Ihre Kunden Geld aus?
- Welche Konkurrenzangebote erfreuen sich bei Ihren Kunden großer Beliebtheit?

- Was zieht Ihre Klienten an? Warum?
- Wovor fürchten sich Ihre Klienten am meisten?
- Welche Strategien oder welches Know-how würden im Leben Ihrer Zielgruppe einen großen Unterschied machen?
- Welche Informationen fehlen Ihren Klienten typischerweise?

Es ist schwierig, diese Fragen zu beantworten. Es kann daher nicht schaden, wenn Sie ein wenig Marktforschung betreiben, bevor Sie viel Zeit und Energie in ein Angebot stecken. Als Trainerin, Beraterin oder Coach haben Sie normalerweise nicht das Geld, ein Marktforschungsinstitut zu beauftragen, oder die Zeit, selbst eine umfangreiche Studie durchzuführen. Das ist auch nicht nötig. Uns ist es in den letzten Jahren mehrmals gelungen, aufgrund sehr einfach zu erhebender Daten gute Vorhersagen zu treffen.

Nutzen Sie Vorträge für Ihre Marktforschung

Halten Sie bereits Vorträge zu Ihren Themen? Falls ja: Nutzen Sie diese für Ihre Marktforschung. Einfacher kommen Sie nicht zu verlässlichen Daten. Halten Sie beispielsweise Vorträge über Führung im Allgemeinen und möchten Sie in Zukunft vertiefende Seminare zu Spezialthemen entwickeln, könnten Sie am Ende Ihres Vortrags sagen: „Wir arbeiten momentan daran, ein neues Seminar zum Thema Führung zu entwickeln. Dabei interessieren uns besonders die folgenden drei Brennpunkte“:

- Führung in Zeiten des Personalabbaus und großer Arbeitsplatzunsicherheit
- Führen nach unten und oben – im mittleren Management mit divergierenden Ansprüchen kompetent umgehen
- Die ersten Monate in der neuen Führungsposition. Erfolgreich ankommen und gut starten.

Bitten Sie die Zuhörer anzukreuzen, welches Thema sie am meisten interessiert. Es lohnt sich, dieses Vorgehen bei ein paar Vorträgen anzuwenden. Meist zeigt sich rasch ein klares Bild und es stellt sich ein deutlicher Favorit heraus. Alternativ können Sie die Vorträge nutzen, um Ideen für ein Angebot zu generieren. Teilen Sie dazu zu Beginn eines Vortrags oder

Seminars ein Blatt aus mit der Überschrift: „Meine drei brennendsten Fragen zum Thema ..."

Bald werden Sie feststellen, dass bestimmte Fragen wiederholt auftreten, darauf aufbauend lässt sich ein Angebot kreieren.

Fragen Sie Ihre bestehenden Kunden

Wenn Sie wissen möchten, ob es für ein neues Angebot eine Nachfrage gibt, können Sie einfach Ihre Bestandskunden fragen. Meine Kollegin Nora Völker hatte die Idee, ein Englisch-Sprachcamp für Schülerinnen und Schüler anzubieten. Wir hatten keinen blassen Schimmer, ob unsere Kunden dieses Angebot interessant finden. Daher haben wir sie gefragt. Wir versandten folgende schlichte E-Mail: „Würden Sie Ihr Kind für ein Englisch-Camp anmelden, sofern wir dieses realisieren?" Wir erläuterten kurz, wie das Camp aussehen und was es kosten würde. Die vielen positiven Rückmeldungen motivierten Nora, die Idee in die Tat umzusetzen. Das Camp war bereits bei der ersten Durchführung ausgebucht.

Ermitteln Sie das Interesse mittels Google Ads

Sie haben noch keine Kunden, halten noch keine Vorträge und haben bereits gedacht, Sie kämen um diese ganze Marktforschungsgeschichte herum? Auch für Sie gibt es einige Möglichkeiten. Die Werbeanzeigen von Google, die ich im Kapitel „Wie erreiche ich meine Kunden?" noch vorstellen werde, bieten nicht nur die Möglichkeit, Ihre Angebote zu vermarkten – sie eignen sich auch für die Marktforschung. Werbeanzeigen von Google bestehen aus einem Titel, einer kurzen Beschreibung und einem Link. Der Clou: Sie können mittels Google Ads genau erfassen, wie oft auf die Werbung geklickt wird.

Falls Sie drei mögliche Seminarthemen oder Coaching-Angebote ins Auge fassen, können Sie beispielsweise wie folgt vorgehen:

1. Schritt: Sie schreiben zu jedem Thema einen Artikel mit fünf nützlichen Tipps für Ihre Webseite.
2. Schritt: Sie erstellen für jeden Artikel einige Anzeigen mit verschiedenen Titeln und Kurzbeschreibungen sowie einem Link auf den jeweiligen Artikel.

3. Schritt: Sie bitten die Leser, Ihnen Ihre E-Mail-Adresse zu hinterlassen, wenn sie sich mehr Informationen zu diesem Thema wünschen.
4. Schritt: Sie erfassen, welches Thema oder welche Anzeige die meisten Reaktionen auslöst. Welches Thema wurde am häufigsten angeklickt? Bei welchem Artikel war die größte Anzahl Leser bereit, ihre E-Mail-Adresse zu hinterlassen?

Wenn eines der drei Themen deutlich besser abschneidet, eignet sich dieses wahrscheinlich eher, um ein entsprechendes Seminar- oder Coaching-Angebot zu entwickeln. Hat sich ein Thema als Favorit herausgestellt, können Sie einige weitere Anzeigen erstellen und weitertesten, welche davon am häufigsten geklickt wird. Die Überschrift, die am meisten Interesse weckt, könnte ein guter Titel für das Angebot sein. Sobald Sie die Wünsche und Interessen Ihrer bisherigen und potenziellen Kunden erfasst haben, können Sie diese mit Ihren eigenen Zielen und Wünschen abgleichen. Die gemeinsame Schnittmenge eignet sich, um Ideen für neue Angebote zu entwickeln.

Welche Form soll mein Angebot annehmen?

Wenn Sie wissen, zu welchem spezifischen Problem, Thema oder Wunsch und für welche Zielgruppe Sie ein Angebot schaffen möchten, stellt sich die Frage nach der passenden Form. Dazu können Sie direkt und live mit Ihren Kunden zusammenarbeiten. Zum Beispiel in Form eines

- Einzel-Coachings oder einer Einzelberatung
- Gruppen- oder Team-Coachings
- Workshops mit einer Kleingruppe
- Seminars mit einer größeren Gruppe
- Vortrags
- Weiterbildungsangebots.

Sie könnten auch über ein Medium kommunizieren – beispielsweise in Form eines

- Telefon- oder Zoom-Coachings
- Webinars (ein Seminar, das über Internet gehalten wird).

Außerdem können Sie ein Produkt erstellen, das Ihren Kunden bei bestimmten Schwierigkeiten weiterhilft:

- einen Online-Kurs oder ein E-Book
- ein Buch
- eine App
- eine DVD, Podcasts oder ein Hörbuch
- ...

Achten Sie dabei auf Ihre persönlichen Vorlieben. Manche Coaches arbeiten gerne mit Einzelpersonen oder kleinen Gruppen, für andere kann das Publikum gar nicht groß genug sein. Einige sitzen gerne vor dem Computer und erarbeiten einen Online-Kurs, während sich andere nur im Gespräch lebendig fühlen.

Ihr Angebot sollte jedoch nicht nur Ihren Vorlieben entsprechen, es sollte auch Absatz finden. Stellen Sie sich dazu die folgende Frage, bevor Sie sich evtl. auf einen monatelangen Entwicklungsprozess einlassen:

Wie kann ich möglichst rasch überprüfen, ob sich potenzielle Kunden oder Klienten tatsächlich für dieses Themengebiet bzw. dieses Angebot interessieren und bereit wären, meine Lösung in Anspruch zu nehmen?

In seinem Buch *Der Durchbruch: Wie gute Firmen zu Spitzenunternehmen werden* (McFarland, 2008) beschreibt Keith McFarland, dass die von ihm untersuchten, besonders erfolgreichen Unternehmen eine spezifische Strategie anwenden: Sie erstellen Prototypen und testen sie. Erst wenn sich zeigt, dass die ersten Tests vielversprechend verlaufen, werden die Modelle weiterentwickelt. Wir lassen uns rasch dazu verleiten, unsere Annahmen mit der Realität zu verwechseln, und stecken viel Denkarbeit in ein Angebot. Am Ende dieses Prozesses sind wir davon überzeugt, dass es ein Erfolg werden muss. Millionenschwere Projekte scheitern immer wieder daran, dass zu spät Daten aus der Wirklichkeit eingeholt werden und viel zu spät erkannt wird, dass kein Interesse vorhanden ist oder die Art und Weise, wie das Angebot verkauft wird, keinen Anklang findet. Wann immer Sie ein aufwendiges Projekt planen, tun Sie gut daran, klein anzufangen und das Angebot gemeinsam mit Ihren Kunden weiterzuentwickeln. Klein anfangen heißt:

- Halten Sie zu einem Thema einen Vortrag, bevor Sie ein Tagesseminar entwickeln.

- Testen Sie, ob Einzel-Coachings zu einem bestimmten Thema gebucht werden, bevor Sie einen Kurs konzipieren, der sich an mehrere Teilnehmer richtet.
- Entwickeln Sie ein Tagesseminar, bevor Sie eine mehrtägige Weiterbildung konzipieren.
- Schreiben Sie zunächst einige Blog-Artikel zu einem Thema, bevor Sie ein Buch darüber in Angriff nehmen.

Das Schöne daran: Sie können oft das weniger aufwendige Produkt nutzen, um das komplexere zu entwickeln und dieses später zu bewerben: Ein Vortrag lässt sich nutzen, um ein Seminar anzukündigen. Wer zu einem bestimmten Thema gebloggt hat, bevor er dazu ein Buch verfasst, kann von vielen Erfahrungen profitieren: Welche Artikel fanden Anklang? Welche Fragen sind aufgetreten? Wo gab es Missverständnisse? Ist das Buch geschrieben, finden sich unter den Blog-Lesern erste Abnehmer.

Was will ich mit dem neuen Angebot erreichen?

Ihr Angebot sollte nicht nur Ihren Kunden, sondern auch Ihnen einen Nutzen bringen. Schlussendlich soll Ihr Geschäft genügend Gewinn abwerfen, damit es weiterexistieren und Sie davon leben können. Manche Angebote wie Coachings oder Seminare müssen unmittelbar Profit erwirtschaften. Doch gibt es noch andere „Währungen", die bei der Kosten-Nutzen-Rechnung eine Rolle spielen. Ein Buch wird sich in den seltensten Fällen als lukrative Geldquelle entpuppen. Für die meisten Autoren steht der Aufwand für das Schreiben und Vermarkten eines Buchs in keinem Verhältnis zu den Tantiemen, die sie damit verdienen. Aber: Ein Buch – zumindest, wenn es in einem angesehenen Verlag erschienen ist – erhöht Ihre Glaubwürdigkeit und Attraktivität. Viele Trainer und Expertinnen machen die Erfahrung, dass sie durch ihr Buch vermehrt Anfragen für Seminare und Vorträge erhalten und höhere Preise für Ihre Leistungen durchsetzen können.

Ein Online-Kurs erhöht im Gegensatz zu einem Buch nicht in erster Linie Ihre Glaubwürdigkeit oder Ihr Prestige. Dafür ist er – sofern er tatsächlich nützlich ist – bestens geeignet, um Vertrauen zu schaffen und eine Beziehung aufzubauen.

Überlegen Sie sich im Vorfeld, was Sie mit Ihrem Angebot bewirken wollen. Soll es

- unmittelbar Geld einbringen?
- Ihren Bekanntheitsgrad steigern?
- Vertrauen generieren?
- Ihr Prestige erhöhen?
- die Verkaufszahlen eines anderen Angebots steigern?

Besonders interessant sind gerade zu Beginn Angebote, die mehrere dieser Punkte in sich vereinen. Mit einem Vortrag können beispielsweise alle Ziele auf einmal erreicht werden.

Ist mein Angebot rentabel?

Angebote wie Coachings und Seminare müssen finanziell rentabel sein. Zu diesem Punkt möchte ich Sie gerne auf eine Tatsache hinweisen, die üblicherweise unter den Tisch gekehrt wird:

> Effektivität und Effizienz sind für Ihre Klienten nützlich – für Sie sind sie problematisch!

Dies gilt umso mehr, wenn Sie

- sich auf ein Problem spezialisieren, das sich relativ schnell beheben lässt
- mit Methoden arbeiten, die darauf ausgelegt sind, möglichst rasch zu wirken
- ein Problem behandeln, das im Normalfall nur ein Mal pro Klient auftritt
- kein Folgeangebot bzw. keine weiteren Angebote für ehemalige Klienten haben
- Ihre Klienten untereinander nur schwach vernetzt sind.

Vergleichen wir dazu zwei Anbieter: Rolf Weins ist Psychoanalytiker, arbeitet mit klassischer Analyse und hat sich auf Klienten aus der gehobenen Mittel- bis Oberschicht „spezialisiert". Seine Klienten bezahlen selbst, nehmen normalerweise eine Sitzung pro Woche in Anspruch und besuchen die Therapie meist über ein bis drei Jahre hinweg. Tina Roesnik hat eine Ausbildung in lösungsorientiertem Coaching und Hypnotherapie absolviert. Da ihr Coaching von den Krankenkassen nicht anerkannt ist, müssen auch ihre Klienten selbst bezahlen. Tina ist stolz darauf, dass sie für die Anliegen ihrer Klienten meist nur 3 bis 4 Sitzungen benötigt. Sie streicht dies als besonderen Vorteil ihrer Arbeitsweise auf ihrer Homepage heraus.

Doch was bedeutet dieser „Vorteil" für sie als Coach? Sehen wir uns zunächst die Formel für den Umsatz einer Firma an. Diese lautet in der allgemeinen Form:

Anzahl Kunden × Durchschnittlicher Betrag pro Einkauf × Anzahl Einkäufe

Für einen Coach lautet sie:

Anzahl Klienten × Kosten pro Sitzung × Anzahl Sitzungen = Umsatz

Rolf und Tina verrechnen beide 120 Euro pro Sitzung. So sieht ihre Rechnung aus:

Anbieter	Anzahl Neukunden pro Jahr	Kosten pro Sitzung	Durchschnittliche Anzahl Sitzungen pro Klient	Umsatz
Rolf	15	120	80	144 000 EUR
Tina	150	120	3.5	63 000 EUR

Rolf erzielt mit 15 Klienten, die durchschnittlich 80 Therapiestunden in Anspruch nehmen, einen Umsatz von 144 000 Euro. Selbst mit einem einzigen neuen Klienten pro Monat käme er auf ein hübsches Jahres-Bruttoeinkommen von 115 200 Euro.

Tina benötigt hingegen einen steten Strom an neuen Klienten. Sie verdient mit zehnmal so vielen Klienten nicht einmal die Hälfte dessen, was Rolf einnimmt. Sie hofft darauf, dass es sich herumspricht, wie effizient sie arbeitet, und dass durch Weiterempfehlungen viele neue Klienten den

Weg zu ihr finden. Erstaunlicherweise ist es Rolf, der praktisch alle neuen Klienten durch diese Form des Marketings erhält. Wie kann dies sein?

Rolfs Kunden sind sehr zufrieden. Sie erleben in den Sitzungen „tiefe Einsichten“ und entwickeln eine starke Bindung zu ihrem Therapeuten. Durch die lange Therapiedauer und die hohe Frequenz der Sitzungen werden sie immer wieder an Rolf erinnert. Sie beschäftigen sich mit ihm, den Inhalten der Sitzungen und sprechen regelmäßig mit Vertrauten darüber. Die Wahrscheinlichkeit, dass einer dieser Bekannten im Laufe der ein- bis dreijährigen Therapie den Weg zu Rolf findet, ist relativ hoch. Rolf ist ausgebucht und muss in letzter Zeit immer häufiger Klienten auf die Warteliste setzen oder weiterverweisen. Marketing ist für ihn ein Fremdwort.

Tinas Klienten sind ebenfalls sehr zufrieden. Nur: Durch die schnelle Lösung ihrer Probleme erleben sie diese oft als weniger gravierend und schätzen den Gewinn als geringer ein. Es fehlen die Hochgefühle, die Rolfs Klienten aus den „tiefen Einsichten“ gewinnen. Die Beziehung der Klienten zu Tina ist relativ lose. Die meisten denken ein Jahr nach dem Coaching kaum noch an ihr Problem und gut die Hälfte erinnert sich nicht einmal mehr an Tinas Namen. Die Inhalte der Therapie beschäftigen sie weniger, da Selbstreflexion und Analyse der eigenen Kindheit und früherer Erfahrungen in Tinas Beratungen kaum zur Sprache kommen. Weil die Klienten kürzer bei ihr in Behandlung sind, sich weniger involviert fühlen, dem Coaching weniger Zeit und Aufmerksamkeit widmen und eine schwächere Bindung zu Tina aufweisen, kommen sie auch seltener auf die Idee, sie weiterzuempfehlen. Lediglich ein Bruchteil ihrer Klienten empfiehlt Tina trotz hoher Zufriedenheit aktiv weiter. Damit Tina von ihrem Beruf leben kann, muss sie fast täglich neue Klienten akquirieren. Möchte sie gleich gut verdienen wie Rolf, müssten sich an die 400 neue Klienten pro Jahr bei ihr melden! Aber Tinas Effizienz und Effektivität beschert ihr weitere Probleme: Sie muss nicht nur viel Zeit und Geld in ihr Marketing stecken, ihr administrativer Aufwand ist zehnmal höher als der von Rolf. Sie muss viel häufiger E-Mails beantworten, Rechnungen schreiben etc.

Zudem lässt Tina ihre Klienten in größer werdenden Abständen kommen – nach einer Woche, nach drei Wochen, nach drei Monaten. Sie empfindet es oft als schwierig, die Termine so zu legen, dass innerhalb eines Tages keine großen Lücken entstehen. Rolf hat es einfacher: Er hat viele Klienten mit einem fixen Termin. Herr Rubin kommt jeden Dienstag von 17 bis 18 Uhr, Frau Wetzel montags von 10 bis 11 Uhr. Nähert sich eine Therapie dem Ende, ruft er Klienten der Warteliste an und vergibt den „Donnerstags-Termin" neu.

Mit Tinas Problem schlagen sich die meisten Coaches und Berater herum. Mir wurde diese Problematik bewusst, als ich meinen Marketingaufwand mit dem meiner Frau verglich, die private Mal- und Zeichenkurse in kleinen Gruppen gibt. Zu meinem Erstaunen hatte sie durch unregelmäßig verteilte Plakate und eine rudimentäre Internetseite immer genügend Kunden. Ich riss mir hingegen zu Beginn ein Bein aus, um genügend Klienten für meine Beratungen zu finden. Mit der Zeit fand ich heraus, woran es lag: Meine Klienten nahmen im Schnitt vier Sitzungen in Anspruch, Mayas Kunden besuchten die Zeichenkurse hingegen durchschnittlich über drei Jahre hinweg. Während sie somit zwanzig Neukunden pro Jahr gewinnen musste, waren es bei mir dreißig pro Monat!

Wie gehen erfolgreiche Coaches und Trainer mit dieser Problematik um? Es stehen Ihnen mehrere Wege offen. Sehen wir uns dazu nochmals die Umsatzformel an:

Anzahl Klienten × Kosten pro Einheit × Anzahl Einheiten = Umsatz

An jedem Multiplikator können Sie eine Veränderung vornehmen, um Ihren Umsatz zu steigern. Sie können die Anzahl Ihrer Klienten erhöhen, indem Sie an Ihrer Positionierung, der Attraktivität Ihres Angebots oder an Ihrem Marketing feilen (siehe Kapitel „Marketing").

Sie können die Kosten pro Einheit heraufsetzen, indem Sie Ihre Preise erhöhen. Dies fällt vielen Coaches und Trainern schwer, weil sie befürchten, Klienten und Kunden zu verlieren. Es ist aber oft der einfachste und schnellste Weg, den Umsatz zu steigern. Meine Kollegin Stefanie Rietzler und ich hielten früher ca. 60 Vorträge pro Jahr. Eines Tages haben wir uns dazu durchgerungen, 600 statt 400 Euro für einen Vortrag zu verrechnen. Der befürchtete Protest blieb aus, die Vorträge wurden genauso oft gebucht wie zuvor. Mit einer einzigen Handlung konnten wir dadurch den Umsatz um 12000 Euro pro Jahr steigern.

Schlussendlich können Sie Ihre Klienten oder Kunden dazu animieren, größere Mengen Ihres Angebots zu kaufen. Nun möchte ich Sie keinesfalls dazu verleiten, Ihre Klienten von Ihnen abhängig zu machen. Sie können sich jedoch überlegen, wie Sie bestehenden Kunden zu deren Vorteil mehr verkaufen.

Uns fiel beispielsweise auf, dass uns im Seminar „Mit Kindern lernen" immer wieder Eltern gefragt haben, wie man das Selbstvertrauen und das Selbstwertgefühl von Kindern stärken kann und ob wir dazu ein Angebot haben oder etwas empfehlen können. In der Folge haben wir dazu ein Seminar entwickelt. Nun buchen viele Eltern mehr als ein Seminar bei uns.

Als Coach können Sie spezielle Angebote schaffen, die eine längere Zusammenarbeit implizieren. Anstatt lediglich bei einem akuten Problem zu unterstützen, könnten Sie beispielsweise ein Jahrescoaching-Programm anbieten mit dem Ziel, das eigene Geschäft, die Arbeits- oder Lebenszufriedenheit oder Gesundheit deutlich zu steigern. Als Trainerin können Sie Auftraggeber nach ihrem Bedarf an anderen Themen befragen, die Sie abdecken könnten. Besonders effektiv ist eine Kombination dieser Vorgehensweisen. Zu Beginn gaben wir lediglich ein Seminar für Eltern. An diesem nahmen im Durchschnitt zwanzig Mütter und Väter teil, die 175 Euro für den Seminartag bezahlten. Die Umsatzrechnung sieht damit wie folgt aus:

$$20 \times 175 \times 1 = 3500$$

Nun führten wir kleine Veränderungen durch: Wir verbesserten unser Marketing, erhöhten die Teilnehmerzahl, hoben die Preise etwas an und entwickelten ein zweites Seminar für die gleiche Zielgruppe. Dieses nahm ca. ein Drittel unserer Seminarteilnehmer in Anspruch, ohne dass dazu zusätzliche Marketinganstrengungen notwendig waren. Nun sah die Rechnung bereits folgendermaßen aus:

$$30 \times 250 \times 1.35 = 10125$$

Die Veränderungen waren für uns und unsere Kunden kaum spürbar – führten jedoch dazu, dass sich unser Umsatz innerhalb eines Jahres verdoppelte! Behalten Sie diese Faktoren unbedingt im Auge, wenn Sie neue Produkte entwickeln und Ihre Preise festlegen.

Wie kann ich den Nutzen meines Angebots erhöhen?

Bei vielen Trainern oder Expertinnen sehe ich viel Engagement, wenn es darum geht, etwas Neues zu entwickeln. Es wird jedoch wenig getan, um Bestehendes auszubauen oder zu verbessern. Letzteres ist für den Erfolg jedoch entscheidend! Wenn Sie sich darauf konzentrieren, etwas Gutes zu verbessern, können Sie ein Angebot schaffen, das Ihre Kunden oder Klienten begeistert.

Je länger Sie an einem Angebot feilen und dessen Nutzen für Ihre Seminarteilnehmer oder Klienten stetig erhöhen, desto eher gelingt es Ihnen,

- mit Ihrem Angebot aus der Masse der Anbieter herauszustechen
- einen bleibenden Eindruck zu hinterlassen
- eine so hohe Kundenzufriedenheit zu erreichen, dass die Mund-zu-Mund-Propaganda tatsächlich in Gang kommt.

Eignen Sie sich eine Philosophie an, die die Japaner als Kaizen bezeichnen. Sie meinen damit eine Lebens- und Arbeitsphilosophie, in deren Zentrum das Streben nach ständiger Verbesserung steht (Kai = Veränderung, Wandel; Zen = Zum Besseren).

Kaizen – zumindest so, wie wir es an der Akademie für Lerncoaching (unserem Unternehmen) verstehen und leben – ist kein verkrampftes und lähmendes Streben nach Perfektion, sondern ein Prozess, der die Freude an der Arbeit steigert. Dadurch, dass Sie sich immer wieder fragen, was Sie verbessern können, bleiben Ihre Angebote und Sie selbst lebendig.

Die folgende Folie stammt aus einer Weiterbildung von 2012.

Für diese Weiterbildung erhielten wir gute Rückmeldungen. Die Seminarteilnehmer waren sehr zufrieden. Nun könnte man sich zurücklehnen und denken: Alles in Ordnung – das Seminar ist doch gut gelaufen. Wenn man sich Kaizen verpflichtet fühlt, denkt man jedoch: Schön, dass es gut ist – jetzt machen wir es besser! Zum Beispiel mit liebevoll gestalteten Folien:

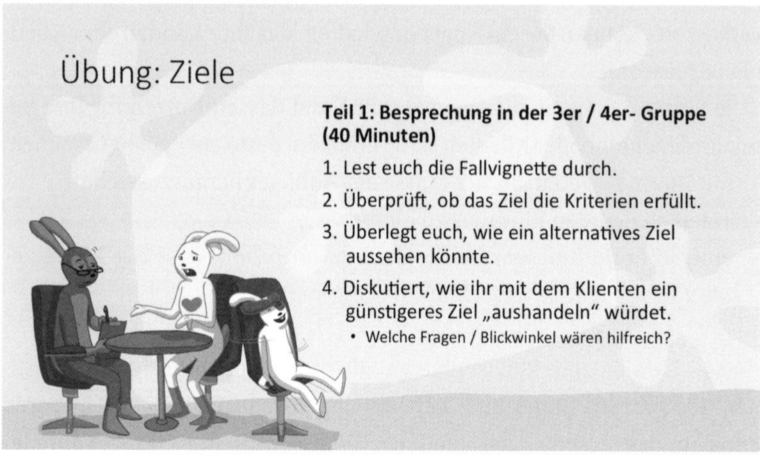

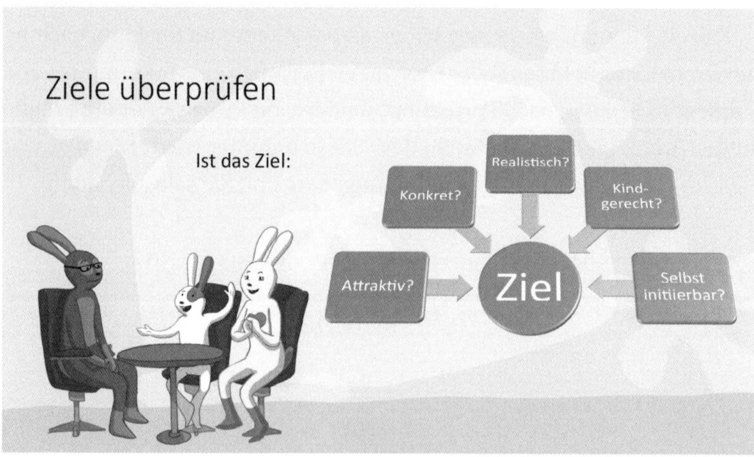

Es hat uns viel Zeit und Geld gekostet, unser eigenes Foliendesign zu entwickeln. Aber es hat sich gelohnt! Wir sind nun „die mit den Hasen" und bleiben den Zuhörern viel länger im Gedächtnis. Wer nach einem halben Jahr über Google, Facebook oder in der Buchhandlung wieder auf die Hasen stößt, weiß sofort: „Aha – die kenne ich doch!"

Am meisten Spaß macht Kaizen, wenn Sie die Verbesserungen spielerisch angehen und immer wieder kleine und größere Projekte starten:

- Ich investiere einen Nachmittag, um einige schöne Geschichten oder Anekdoten für ein bestimmtes Thema zu sammeln, die ich ins Coaching oder in das Seminar einflechten kann.
- Wir überlegen uns ein kleines Extra, mit dem wir unsere Kunden bei der Rechnungsstellung überraschen.
- Ich beauftrage eine Grafikerin damit, den Foliensatz für mein bestes Seminar professionell zu gestalten.
- Ich lasse das Skript professionell drucken, anstatt einen losen Blätterhaufen zu kopieren.
- Ich nehme mich beim Seminar auf Video auf, sehe mir Ausschnitte an und leite Verbesserungsmöglichkeiten daraus ab.
- Ich frage eine Bekannte mit einem Auge für schöne Einrichtungen, ob sie mir dabei hilft, mehr aus meiner Praxis zu machen.

Wenn etwas nicht verbessert wird, tendiert es dazu, schlechter zu werden. Hatten Sie Professoren oder Dozenten, die seit fünfzehn Jahren die gleichen Folien nutzten? Diese Seminare sind normalerweise im Jahr fünfzehn nicht so gut wie im zweiten oder dritten, sondern deutlich schlechter, weil die Inhalte mit der Zeit veraltet sind, der Dozent gedanklich nicht mehr im Thema drin ist oder er den Inhalt der Folien jedes Jahr liebloser herunterspult. Haben Sie hingegen das Skript frisch überarbeitet, die Folien neu gestaltet oder die Übungen optimiert, können Sie es kaum erwarten, die Zuhörer damit zu beglücken. In der Folge sind nicht nur die Folien besser, sondern auch Sie als Seminarleiterin!

Fragen Sie sich:

- Was könnte ich schöner machen? Meine Praxis? Meine Webseite? Mein Skript oder meine Folien? Meine Arbeitsblätter oder Übungsmaterialien?
- Welche Kompetenzen kann ich ausbauen? Meine Vortrags-, Schreib-, Beratungs- oder Marketingkompetenzen?
- Wie kann ich den Nutzen meiner Angebote steigern? Kann ich stärker auf die Probleme, Fragen und Wünsche meiner Klienten eingehen? Kann ich einen Prozess klarer beschreiben? Kann ich bestimmte Hilfestellungen als Handout herausgeben?

- Welche organisatorischen Abläufe kann ich in meinem Unternehmen optimieren?

Suchen Sie sich ein, zwei Dinge aus, die Ihnen wichtig sind und Spaß machen, und legen Sie los! Oder Sie nutzen den Fragebogen im letzten Kapitel, um Verbesserungsmöglichkeiten auszumachen.

Wie bestimme ich den Preis für ein Angebot?

Mit der Festlegung eines Preises tun sich die meisten Coaches, Trainer oder Experten schwer. Es ist schwierig, den Preis für ein Coaching, ein Beratungsmandat oder ein Seminar anzusetzen. Ihre Zielgruppe, der Nutzen Ihres Angebots, die Marktsituation, der Standort und nicht zuletzt Ihr Name bestimmen, wie viel Sie für Ihre Dienstleistung verlangen können. Manchen Coaches hilft es, sich auf Richtwerte zu berufen, die von Verbänden herausgegeben werden. Formulieren Sie diese Grundlage bei Ihrem Angebot folgendermaßen: „Ich richte mich bei meinen Honoraren nach den vom Berufsverband x vorgeschlagenen Tarifen. Ich rechne wie folgt ab: Einzelsitzung etc."

Sie können sich auch am Markt orientieren. Bringen Sie in Erfahrung, was andere im näheren Umkreis verlangen, und fragen Sie sich, ob Sie sich danach richten oder niedrigere oder höhere Tarife durchsetzen möchten.

> Tipp
> Mit welchem Honorar fühlen Sie sich wohl? Stellen Sie sich diese Frage zu Beginn und verlangen Sie dann ein Honorar, das leicht darüberliegt. Wenn Sie sich an diese Vergütung gewöhnt haben, können Sie sie erneut leicht nach oben korrigieren. Dieses Vorgehen ist deshalb sinnvoll, weil die meisten von uns zu Beginn ein viel zu niedriges Honorar verlangen.

Fragen Sie sich, was Ihre Dienstleistung wert ist. Wenn Sie Ihr Angebot verbessern, ist dies ein guter Grund, die Preise anzuheben. Klären Sie außerdem für sich:

- Wie viel möchten bzw. müssen Sie verdienen?

- Wie viele Coachings oder Seminare wollen Sie im Jahr anbieten?
- Welchen Stundensatz müssen Sie berechnen?

Im Kapitel „Wie überwinde ich innere Blockaden?“ finden Sie eine konkrete Anleitung mit einem Rechenbeispiel.

Als Coach haben Sie (hoffentlich!) keine Stammkunden. Das bietet den Vorteil, dass Sie neue, höhere Preise nicht bei bestehenden Klienten durchsetzen müssen. Sie können einfach die Preise auf Ihrer Webseite anheben, ohne dies begründen zu müssen.

Etwas anders ist es, falls Sie beispielsweise als Seminarleiterin für die gleichen Firmen immer wieder Seminare anbieten. Bereitet es Ihnen Mühe, bei Stammkunden höhere Preise zu verlangen, können Sie diese nur bei Neukunden einführen. Setzen Sie die neuen Preise auf Ihre Webseite und informieren Sie Ihre bisherigen Kunden, dass Sie Ihre Preise erhöht haben, sie aber als Stammkunden von den bisherigen Preisen profitieren können. Bei mir kam es oft vor, dass auch bisherige Kunden den neuen Preis bezahlen wollten. Wenn Sie mit den richtigen Kunden und Partnern zusammenarbeiten, sind normalerweise alle am Wohlergehen des anderen interessiert und haben Verständnis, dass die Preise von Zeit zu Zeit angepasst werden müssen.

Arbeiten Sie zudem laufend daran, Ihre Kompetenzen, Materialien und Inhalte zu optimieren, sehen Stammkunden, dass nicht nur der Preis, sondern auch der Nutzen Ihres Angebots steigt.

Wie beschreibe ich mein Angebot?

Haben Sie ein Angebot konzipiert, müssen Sie es vermarkten. Dazu benötigen Sie als Erstes eine treffende Beschreibung, auf deren Basis Ihre potenziellen Kunden eine Kaufentscheidung treffen.

Mir selbst fiel dieser Schritt ungeheuer schwer. Meine ersten Versuche waren schlichtweg peinlich. Lassen Sie mich Ihnen anhand eines Beispiels zeigen, welche Fehler Sie vermeiden sollten. Im Anschluss lernen Sie, was eine gute Angebotsbeschreibung berücksichtigen sollte – egal, ob Sie dazu einen Flyer, eine Internetseite oder eine andere Form nutzen.

Flyer waren der erste Versuch, auf mich und mein Angebot aufmerksam zu machen. Auf einem beidseitig bedruckten A-4-Blatt beschrieb ich meine Angebote. Der Text war im Querformat aufgedruckt – das Blatt wurde in der Mitte gefaltet und bestand aus einem Titelblatt, zwei Seiten mit der Beschreibung und einer Rückseite, die über die Kosten informierte und meine Adresse enthielt.
Damit es nicht zu teuer wurde, druckte ich im Copyshop 1000 Exemplare. Gefaltet und verteilt habe ich selbst. Während des Faltens kam, was kommen musste: Ich entdeckte einen Druckfehler! Trotz fünffachen Durchlesens und Korrektur durch drei Personen. In meiner E-Mail-Adresse fehlte doch tatsächlich der Punkt zwischen Vorname und Name! Der Schweiß stand mir auf der Stirn. Meine Frau half mit und ergänzte die Punkte mit einem dünnen Filzstift. „Merkt man kaum …“, meinte Maya – ich war mir nicht so sicher.
Beim Verteilen der Flyer musste ich feststellen, dass Fribourg nur auf dem Papier zweisprachig ist, in der Realität wird jedoch nur Französisch

gesprochen. Daher fragten Ladenbesitzer, denen ich die Flyer gab, ganz erstaunt: „Mais, c'est en allemand?!" Auf meine Erwiderung, dass sie doch auch deutschsprachige Kunden hätten, baten sie mich, ihnen den Inhalt zu erklären. Während einige mir gleich ins Gesicht sagten, dass nur etwa einer von fünf Kunden Deutsch könne und es sich nicht lohne, die Flyer auszulegen, nahmen sie andere – um sie am nächsten Tag verschwinden zu lassen. Also klapperte ich die deutschsprachigen Gemeinden des Kantons ab, warf Flyer in Briefkästen, legte sie in Geschäften aus, verteilte sie an der Uni und heftete sie an Schwarze Bretter.

Nun konnte es losgehen. Nach drei anstrengenden Tagen des Verteilens saß ich in meinem Büro am Laptop. Ich wollte einige Vorbereitungen treffen und verschiedene Arbeitsblätter erstellen – doch mein Blick wanderte immer wieder zum Telefon, das einfach nicht klingeln wollte. Eine E-Mail kam auch nicht – obwohl ich alle fünf Minuten den Posteingang überprüfte. Gerade als sich der Tag dem Ende zuneigte und mir das Lied „Kein Schwein ruft mich an, keine Sau interessiert sich für mich" von Max Raabe durch den Kopf lief, schrillte das Telefon. Herzklopfen! Jetzt ja keinen Fehler machen! Der potenzielle Klient muss denken, dass du das bereits seit Jahren machst! Ich nahm ab. „Nein, ich möchte die Krankenversicherung nicht wechseln. Nein, ich möchte auch keine kostenlose Beratung!" Ein langer frustrierender Tag fand sein Ende. Die nächsten zeigten, dass der Flyer keinen Rücklauf brachte. Ein Inserat in der Zeitung führte zu einem einzigen Klienten – die Kosten für die Anzeige waren höher als die Einnahmen durch das Coaching.

Warum wollte es nicht funktionieren? Was hatte ich falsch gemacht? Heute weiß ich: Alles!

Übung

Auf den folgenden vier Seiten finden Sie meinen ersten Flyer. Profitieren Sie von meinen Fehlern und machen Sie es besser. Überlegen Sie sich, was sich alles verbessern ließe.

Halten Sie kurz inne, lesen Sie den Flyer in Ruhe durch und notieren Sie, wo Sie Veränderungsbedarf sehen. Vergleichen Sie anschließend Ihre Lösung mit meiner. Vielleicht finden Sie auf diese Weise zusätzliche Punkte, die mir nicht aufgefallen sind, Ihnen jedoch weiterhelfen könnten.

Falls Sie selbst bereits Handzettel erstellt, verteilt und damit wenig Resonanz erzielt haben, könnte es gut sein, dass Ihnen einige ähnliche Fehler unterlaufen sind.

Fabian Grolimund, lic. phil.
Psychologe FSP

Schüler-
Beratung

Fabian Grolimund
Route des Arsenaux 41
1700 Fribourg
Telefon: 026 422 42 32
E-Mail: fabian.grolimund@gmail.com

LERNCOACHING

Stehen Schüler vor einer grösseren Prüfung wie der Lehrabschlussprüfung oder dem Abitur, beschleicht sie oft das Gefühl, vor einem unüberwindbaren Berg zu stehen.

Einige Schüler reagieren in dieser Situation mit Vermeidungsverhalten und Motivationsschwierigkeiten. Sie wissen nicht, wo sie anfangen sollen, wie sie wichtige und unwichtigere Themen auseinanderhalten können und sich Stoff und Zeit einteilen sollen. Sie fühlen sich überfordert.

Ein Lerncoaching kann in dieser Situation Sicherheit spenden und die nötigen Bewältigungskompetenzen vermitteln. Der unüberwindbar erscheinende Berg wird in einzelne überschaubare Stoffhäufchen zerlegt. Lern- und Freizeit werden so eingeplant, dass der Schüler die verbleibende Zeit optimal nutzen kann, ohne sich zu überlasten. Die Lernzeit wird effektiver genutzt, indem Pausen und Erholungszeiten richtig gesetzt, die Fächer in eine günstige Abfolge gebracht und genügend Zeit fürs Wiederholen eingeplant wird.

Ergibt die Lernanalyse Defizite in der Anwendung wichtiger Lernstrategien, werden nach dem Grundsatz „weniger ist mehr“ einige wissenschaftlich überprüfte Strategien anhand des aktuellen Stoffs vermittelt und eingeübt.

PRÜFUNGSÄNGSTE

Schüler, die unter Prüfungsängsten leiden, zeigen oft ein ganz bestimmtes Muster negativer Gedanken. Sie überschätzen einerseits die Schwierigkeit der Prüfung und die Tragweite der negativen Folgen im Falle eines Nichtbestehens, andererseits unterschätzen sie deutlich ihre eigenen Fähigkeiten und ihre Möglichkeiten, mit der Situation und der Angst umzugehen. Sätze wie „ich schaffe es sowieso nicht, das alles zu lernen", „wenn ich versage, werden mich alle für dumm halten", „ich werde in der Prüfung kein Wort herausbringen" wirken lähmend und verstärken Angst und Vermeidungsverhalten.

Wie wissenschaftliche Studien zeigen konnten, haben Prüfungsängste zudem einen negativen Effekt auf die Leistung. So stören sie nicht nur im Vorfeld einer Prüfung die Vorbereitung, sondern verhindern auch, dass der Schüler am Tag der Prüfung sein Wissen und seine Fähigkeiten richtig nutzen kann.

Seit ca. 3 Jahren behandle ich Schüler, die unter Prüfungsängsten leiden. Immer wieder darf ich dabei erfahren, dass sich solche Ängste in relativ kurzer Zeit stark reduzieren lassen und die Schüler wieder an Selbstvertrauen gewinnen. Auch eine wissenschaftliche Untersuchung mit 40 prüfungsängstlichen Studierenden, die ich an der Universität Fribourg durchgeführt habe, zeigt deutlich:

Es lohnt sich, etwas gegen Prüfungsängste zu unternehmen!

Dauer und Kosten

Dauer

Die Schülerberatung umfasst im Durchschnitt 4 bis 10 Sitzungen. Regelmässiger E-mail Kontakt mit dem Betreuer gibt dem Lernenden die Möglichkeit, das Gelernte zu Hause umzusetzen und bei Schwierigkeiten Hilfe zu bekommen.

Kosten

Die Beratung kostet Fr.100.- / Sitzung

Die weiterführende Betreuung über e-Mail oder kurze Telefonanrufe ist im Preis inbegriffen

Adresse:

Fabian Grolimund
Straße
Ort
Telefon
E-Mail

Haben Sie einige Fehler gefunden? Davon gehe ich mal aus. Vergleichen Sie Ihre Ergebnisse mit meinen Überlegungen.

Der Titel muss Interesse wecken und zum Weiterlesen einladen

Sehen Sie sich die erste Seite nochmals an. Was lesen Sie? Schülerberatung. Klar – das ist mein Angebot. Aber als Titel? Langweilig und nichtssagend! Dadurch fühlt sich niemand angesprochen. Der Titel sollte neugierig machen – zum Beispiel, indem Sie direkt den Kundennutzen ansprechen. Ihr Ziel ist es, dass Ihr Angebot hervorsticht und genügend Interesse weckt, damit ein potenzieller Klient sich die Mühe macht, den Flyer in die Hand zu nehmen.

Überlegen Sie sich, was der Klient davon hat, wenn er Ihr Coaching oder Training bucht – und sprechen Sie den Nutzen im Titel deutlich an:

- Bessere Noten mit weniger Aufwand!
- Schneller lernen – mehr behalten!
- Prüfungen optimal vorbereiten!

Das klingt in den Ohren von Jugendlichen, aber auch deren Eltern, deutlich ansprechender als „Schülerberatung".

Sie können auch die Schwierigkeiten ansprechen:

- Schlaflose Nächte vor Prüfungen?

Auf jeden Fall sollte der Leser sofort sehen können, was das Ziel des Angebots ist. Es geht nicht darum, jede Person anzusprechen – das schafft kein Flyer. Wenn jemand jedoch zu Ihrer Zielgruppe gehört und sich mit dem Problem herumschlägt, zu dem Sie eine Lösung anbieten, sollte er auf den ersten Blick sehen,

- dass er gemeint ist
- und Sie eine Lösung seines Problems anbieten.

Sehen Sie sich die Titelseite Ihrer Angebotsbeschreibung oder den Titel und den ersten Absatz Ihrer Homepage an und fragen Sie sich:

1. Wird sofort und unmissverständlich klar, worum es geht?
2. Wird deutlich, wer sich angesprochen fühlen soll?
3. Ist die Überschrift interessant genug, damit sich jemand aus Ihrer Zielgruppe die Zeit nimmt, den Flyer genauer anzusehen oder die Beschreibung ganz zu lesen?

Bilder sind ein Muss

Mein erster Flyer enthielt kein einziges Bild, damit ging er unter. Handzettel gehorchen ähnlichen Gesetzen wie eine Zeitung, die Absatz finden will. Sie muss mit einem guten Titel und einem aussagekräftigen Bild aufwarten. Machen Sie es sich dabei nicht zu schwer: Menschen reagieren stark auf Gesichter. Ein Porträt von einem Menschen, der einer bestimmten Tätigkeit nachgeht – in meinem Fall beispielsweise eine junge Frau, die lernt oder eine Prüfung schreibt –, reicht aus, um die Ausschreibung ansprechender zu gestalten.

Sprechen Sie Ihre Klienten direkt an

Wir alle fühlen uns stärker angesprochen, wenn wir – jetzt kommts – direkt angesprochen werden. Der Satz „Stehen Schüler vor einer größeren Prüfung wie der Lehrabschlussprüfung oder dem Abitur, beschleicht sie oft das Gefühl, vor einem unüberwindbaren Berg zu stehen“ sollte transformiert werden in:

Der Lehrabschluss rückt näher!

Fragst du dich:
- Wie soll ich diesen Stoff-Berg nur lernen?
- Wie finde ich heraus, was wirklich wichtig ist?
- Wie kann ich schneller lernen und mehr behalten?

Und wünschst du dir einen Profi, der
- dich begleitet, mit dir einen Plan macht und dir dabei hilft, das Wichtigste zuerst zu lernen?
- dir Lernstrategien vermittelt, die es dir erlauben, schneller zu lernen und mehr zu behalten?
- dir zeigt, wie du dich auf unterschiedliche Prüfungstypen optimal vorbereitest?

Sprechen Sie die Sprache Ihrer Zielgruppe

Bei der direkten Ansprache potenzieller Klienten müssen Sie auch deren Sprache sprechen. Es macht einen Unterschied, ob Sie Eltern, Führungskräfte oder Jugendliche adressieren. Achten Sie bei der Wortwahl darauf, dass Sie keine Wörter verwenden, die in den Ohren Ihrer Klienten fremd klingen. Wenn Sie sich in einen sechzehnjährigen Schüler versetzen und meinen Flyer aus dessen Perspektive lesen, merken Sie, wie geschwollen und distanziert der Text klingt.

Neben dem Wort „Schülerberatung" dürften auch Wörter wie „Analyse", „Defizite" oder „Vermeidungsverhalten" sowie die langen Satzkonstruktionen Jugendliche abstoßen. Es geht nicht darum, dass Jugendliche diese Fachbegriffe nicht verstehen würden. Das Problem ist allerdings, dass der Text klingt wie aus einem Psychologielehrbuch. Es ist wahrscheinlich, dass der Jugendliche

- gar nicht anfängt, den Text zu lesen
- nach dem ersten Absatz aufhört
- den Text tatsächlich zu Ende liest und sich denkt: „Der spinnt doch, der Typ!"

Sie sollten bezüglich Ihrer Formulierungen besonders vorsichtig sein, wenn Ihre Zielgruppe sich stark von Ihnen unterscheidet – zum Beispiel bezüglich des Alters, des Bildungsniveaus oder des Fachwissens. Gerade letzterer Punkt wird oft missachtet. Coaches schreiben beispielsweise sehr gerne auf ihre Angebotsbeschreibungen, welche Methoden sie verwenden und welche Aus- und Weiterbildungen sie absolviert haben. Damit beeindrucken Sie vielleicht Ihre Kollegen – aber kaum Ihre Klienten. Für die klingen Fachbegriffe eher befremdlich oder – noch schlimmer – bedrohlich oder suspekt. Wüsste ich nicht, worum es geht, hätte ich keine Lust, kognitiv umstrukturiert, neurolinguistisch programmiert, hypnosystemisch gecoacht oder verhaltensmodifiziert zu werden. Da ginge ich dann doch lieber zu jemandem, der mir zuhört, sich mit meinem Problem auskennt und schon vielen Personen mit ähnlichen Schwierigkeiten weitergeholfen hat.

Möchten Sie Ihre Arbeitsweise erläutern, können Sie auf Ihrer Webseite auf einer eigenen Unterseite darauf eingehen. Dort haben Sie genügend Platz, um genauer zu erläutern, worauf sich der zukünftige Klient einlassen wird.

Zeigen Sie, wer Sie sind

Es kann einiges an Überwindung kosten, Flyer und die eigene Webseite mit dem eigenen Porträt zu versehen. Ich fürchtete lange Zeit, Klienten könnten denken, ich sei zu jung, und dass es daher besser sei, gar kein Bild zu verwenden. Das ist ein Fehler. Klienten wollen wissen, wie Sie aussehen!

Schauen sich Klienten die Webseiten von verschiedenen Coaches an, werden sie sich fast immer deren Porträt ansehen – und das Bild spielt beim Entscheidungsprozess eine wichtige Rolle. Bei einem Coach wird es uns nicht in erster Linie darum gehen, dass er attraktiv ist – aber wir werden darauf achten, was sie oder er ausstrahlt. Dem einen ist vielleicht Kompetenz wichtig, dem anderen Wärme, und eine dritte Person wird das Bild eines bestimmten Coaches an ihren sympathischen Onkel Georg erinnern, der immer ein offenes Ohr für sie hatte. Ihr Bild wird Sie in den Augen einiger Klienten attraktiver machen und andere zu einem Nein veranlassen, und das ist gut so!

Das mögliche Nein lässt uns davor zurückschrecken, klar Stellung zu beziehen und Profil zu zeigen. Das Problem ist: Ohne ein klares Profil sagt praktisch niemand Ja zu Ihnen und Ihrem Angebot. Wir müssen unseren potenziellen Klienten die Möglichkeit geben, möglichst schnell und sicher festzustellen, ob wir zu ihnen passen oder nicht. Jemand, der einen jungen Coach sucht, sollte sehen können, dass ich jung bin. Und jemand, dem das nicht passt, erfährt es besser, bevor er mir gegenübersteht. Sie bewahren damit auch sich selbst vor Enttäuschungen.

Zeigen Sie dem Klienten, welchen Nutzen Sie ihm bieten

Was hat der Klient davon, wenn er Ihre Leistung in Anspruch nimmt? Was ist danach anders als davor? Inwiefern nützt ihm dieser Unterschied? Wir können nicht davon ausgehen, dass Klienten diese Fragen selbst beantworten können – wir müssen ihnen eine überzeugende Antwort liefern. Am Beispiel, wie wichtig ein professionelles Foto für den Webauftritt ist, lässt sich dies illustrieren.

Im letzten Abschnitt hatte ich angesprochen, dass Sie ein Bild von sich für Ihren Flyer und Ihre Webseite benötigen. Eine Fotografin, die sich auf Porträts spezialisiert hat, sprach mich darauf an, dass es immer schwieriger werde, Kunden davon zu überzeugen, sich professionell ablichten zu lassen. Als ich ihr die Frage stellte, weshalb ein Kunde ein professionelles Foto benötige, lautete die Antwort: „Weil man sofort sieht, ob ein Profi oder ein Amateur am Werk war."
Das stimmt. Aber reicht das als Argument? Möchten wir ein Angebot verkaufen, müssen wir uns in die Lage des Kunden versetzen. Wenn ich nun Sie überzeugen möchte, sich von einem Profi fotografieren zu lassen und dafür etwas Geld auszugeben, würde ich in etwa folgendermaßen argumentieren:

1. Wussten Sie, dass der Bereich „Über mich" oder „Profil" einer der am häufigsten aufgerufenen Bereiche einer Webseite ist und Kunden sich fast immer Ihr Foto anschauen, bevor sie Sie kontaktieren?
2. Ist Ihnen bewusst, dass Kunden von der Qualität Ihres Webauftritts auf die Qualität Ihrer Dienstleistung schließen?
3. Sind Sie stolz auf die Qualität Ihrer Bilder?

Sie müssen zunächst erkennen, wie zentral ein gutes Foto ist und dass dieses für Ihre Klienten ein relevantes Entscheidungskriterium ist. Zucken Sie beim Lesen dieser Punkte innerlich zusammen, weil Sie merken, dass Ihr Passbild oder Ihr Urlaubsfoto in Ihrem Webauftritt nicht nur peinlich wirkt, sondern Sie vielleicht jeden Monat Geld kostet, weil potenzielle Klienten Sie für unprofessionell halten, greifen Sie eher zum Hörer und buchen ein professionelles Fotoshooting, als wenn Sie hochwertige Bilder nur als nettes Beiwerk betrachten.

Versetzen Sie sich in den Kunden! Was hat er davon, Ihre Leistung in Anspruch zu nehmen? Und warum sollte er dies jetzt tun und nicht erst in fünf Jahren? Menschen haben weder einen Coaching-Bedarf noch ein Beratungs-Bedürfnis. Sie haben Ziele, Wünsche, Sorgen. Sprechen Sie diese an und zeigen Sie möglichst konkret auf, wie Ihr Coaching, Ihre Beratung, Ihr Training dem Klienten dabei helfen wird, seine Probleme loszuwerden und seine Ziele zu erreichen.

Eine Ausschreibung, eine Zielgruppe, ein Angebot

Wir wollen meist zu viel. Flyer sind bei fast allen Trainerinnen und Coaches völlig überfrachtet, da sie alle Angebote aufzählen. Als Titel wird in der Folge eine nichtssagende Überschrift gewählt, die möglichst alles abdecken soll. Damit verlieren jedes einzelne Angebot und der Handzettel insgesamt deutlich an Wirkung. Je mehr Zielgruppen Sie auflisten, desto weniger fühlt sich eine bestimmte angesprochen. Je mehr Angebote Sie auflisten, desto weniger anziehend wirkt ein einzelner Service.

Es ist sinnvoller, für jedes Angebot einen eigenen Flyer mit einer passenden Überschrift, einem aussagekräftigen Bild und einem überzeugenden Text zu gestalten. Denken Sie an den Fotografen mit seinen drei unterschiedlichen Webseiten für Hochzeit-, Baby- und Modefotografie, den ich im Kapitel zur Spezialisierung erwähnt habe.

Beenden Sie die Ausschreibung mit einer Handlungsaufforderung

Ein *call to action*, eine klare Handlungsaufforderung, kann den Rücklauf stark erhöhen. Sagen Sie dem Klienten oder Kunden, was er als Nächstes tun soll. Die Aufforderung könnte lauten:

- Rufen Sie mich heute noch an und buchen Sie ein kostenloses Erstgespräch.
- Buchen Sie jetzt Ihren Seminarplatz.
- Gehen Sie jetzt auf die Webseite www.fuehren.ch und erfahren Sie, welche fünf Fehler Führungskräften am häufigsten unterlaufen.

Die letzte Handlungsaufforderung ist besonders interessant. Sie ist deutlich niederschwelliger, da sie nicht zu einer direkten Kontaktaufnahme auffordert, sondern lediglich zum Besuch einer Webseite, die interessante Informationen verspricht. Ist der Klient auf Ihrer Webseite, haben Sie mehr Zeit und Möglichkeiten, ihn durch weitere Informationen von Ihrem Angebot zu überzeugen.

Holen Sie Rückmeldungen ein und führen Sie Tests durch

Wen fragt man um Rat, wenn man sich selbstständig macht? Freunde, Verwandte, den Partner. Auch ich bin so vorgegangen – und habe viele unqualifizierte Rückmeldungen erhalten. Es ist nicht so, dass alle nur nett waren – ich habe ziemlich ehrliche Bekannte und Freunde –, nur mäkelten sie allesamt an den falschen Stellen herum!

Würden Sie als Coach einen Bäcker, einen Kellner oder eine Anwältin bitten, den Ablauf Ihrer Sitzung zu beurteilen? Nein! Sie würden eine erfahrene Kollegin um Supervision bitten. Aber aus irgendeinem Grund verstehen die meisten von uns zu Beginn nicht, dass sie dies bezüglich Flyer, Internetseite und anderer Marketingmaterialien auch tun sollten.

Bezüglich Ihres Marketings sollten Sie nur zwei Personengruppen um Rat fragen: Die eine Gruppe besteht aus erfolgreichen Kolleginnen, die im selben Bereich arbeiten, oder Marketingprofis, die sich auf den Berater-, Trainer- und Coaching-Markt konzentrieren! Lassen Sie sich beraten und beim Erstellen Ihrer Webseite, des Blogs, Flyer und anderer Marketing-Tools genauso professionell unterstützen wie bei Ihrer fachlichen Ausbildung. Das kostet natürlich – aber das Geld ist gut investiert.

Die zweite Gruppe besteht aus Ihren Klienten. Mein Flyer richtete sich an Jugendliche mit Lernschwierigkeiten – und ich bat beispielsweise Kollegen von der Uni um Rückmeldungen! Diese lobten den Flyer für seine Sachlichkeit: „Ich finde ihn stilvoll – nicht so reißerisch wie andere.“ (Ein Vierzehnjähriger sieht das wahrscheinlich anders.)

Hier gilt: Wenn Ihre Kunden Bäcker sind, sollten Sie Bäcker, aber keine Anwälte darum bitten, Ihre Werbung zu beurteilen. Es gibt noch einen zweiten Punkt, auf den Sie achten sollten. Wenn wir eine andere Person darum bitten, unseren Prospekt zu beurteilen, wird sie ihn in die Hand nehmen und betrachten. Sie wird in Ruhe die Texte lesen, sich die Bilder genau ansehen, den Text auf sich wirken lassen und uns nach eingehender Lektüre sagen, was sie davon hält. Doch so betrachtet in der Realität kaum jemand einen Flyer.

Die Frage ist nicht, ob jemand nach eingehendem Studium den Flyer für gut befindet. Sie wollen wissen, ob die Person beim Vorbeigehen Lust hätte, den Handzettel mitzunehmen, ob sie ihn – falls es sich um einen gefalteten Flyer handelt – aufschlagen und was sie nach kurzer Betrachtung denken würde.

Ich würde für einen simplen Test wie folgt vorgehen: Zeigen Sie der Person ganz kurz die Vorderseite – fünf Sekunden. Stecken Sie den Flyer wieder ein und fragen Sie Ihr „Versuchskaninchen“:

- Worum geht es? Was ist mein Angebot?
- Hättest du Lust, dir den Flyer genauer anzusehen? Warum (nicht)?
- Was hat dich angesprochen? Was eher nicht?

Zeigen Sie dann kurz die Rückseite. Diese Reihenfolge ist wichtig, weil fast jeder den Flyer zunächst umdreht und die Rückseite liest, bevor er sich entscheidet, ob er den aufklappbaren Teil ebenfalls lesen möchte. Fragen Sie hier:

- Was ist dein Gesamteindruck?
- Hat dir irgendetwas Lust gemacht, den Flyer aufzuklappen?
- Wüsstest du, was ich anbiete und was dir das bringt?
- Weißt du, was du als Nächstes machen sollst?

Geben Sie Ihrem Gegenüber dann erst den Flyer in die Hand und lassen Sie ihm Zeit, den Mittelteil in Ruhe zu lesen. Gehen Sie bei der Webseite etc. ähnlich vor: Achten Sie darauf, ob der anderen Person möglichst rasch klar wird, wer Sie sind, was Sie anbieten, welchen Nutzen Ihre Angebote versprechen und wer Ihre Kunden sind.

Halten Sie Maß beim Druck

Von meinem ersten Flyer hatte ich 1000 Exemplare kopiert. Bei meinem zweiten wechselte ich auf eine Druckerei und wurde gierig! Die Kosten für 5000 Flyer waren nur geringfügig höher als für 2500 – also ließ ich 5000 drucken. Ich kenne keinen Selbstständigen, der sich nicht von Mengenrabatten blenden lässt. Wenn man die Kisten mit den Drucksachen erhält, denkt man sich: „Wow! Das sind ja viele!“ Man beginnt mit dem Verteilen und merkt: Es sind tatsächlich viele. Ungeheuer viele. Die Menge nimmt kaum ab. Schließlich ändert sich die Adresse, die Telefonnummer, E-Mail-Adresse oder das Angebot – und man bleibt auf 2000 bis 3000 Flyern sitzen, die man nicht mehr verteilen kann oder möchte. Falls Sie auch eine Kiste mit alten Flyern auf Ihrem Dachboden oder im Büro in der Ecke haben: Fassen Sie sich ein Herz und schmeißen Sie die Dinger weg! Aktueller werden sie nicht.

Wie trete ich auf?

Klienten kaufen nicht nur Ihr Angebot, sondern auch Sie: Ihre Zeit, Ihre Person, Ihre Besonderheiten. Als selbstständiger Coach, Trainer oder Expertin kommen Sie daher nicht darum herum, sich auf Ihrer Internetseite zu zeigen. Ihre zukünftigen Klienten möchten wissen, auf wen sie sich einlassen. Sie sind neugierig darauf, wer Sie sind und wie Sie arbeiten. Sie möchten sicherstellen, dass Sie kompetent sind. Und sie fragen sich vielleicht, was Sie bewegt, was Ihre Motive und Absichten sind und was hinter Ihrer Entscheidung steht, diesen besonderen Beruf auszuüben oder sich auf ein bestimmtes Problem oder diese eine Zielgruppe zu spezialisieren.

Ihr Auftritt sollte zu Ihrer Persönlichkeit und zu der Art Ihres Angebots passen. Eine extrovertierte Trainerin, die Seminare zum Thema Hardselling anbietet, tritt anders auf als ein eher zurückhaltender, klientenzentrierter Coach, der Menschen bei der Trauerarbeit begleitet. Sie können sich von einer Agentur eine Webseite gestalten lassen, auf der riesige Fotos von Ihnen prangen, wie man es zurzeit bei vielen bekannten Vortragsrednern und Profi-Coaches sieht: Wenn Sie sich damit nicht wohlfühlen, ist nichts gewonnen.

In diesem Kapitel möchte ich Sie daher dazu anregen, sich Gedanken darüber zu machen, wie Sie nach außen wirken, welche Seiten und Aspekte Ihrer Persönlichkeit Sie zeigen möchten. Je klarer Sie sich darüber sind, desto besser können Sie im Weiteren mit Grafikern, Fotografinnen und Webdesignern zusammenarbeiten.

Wer sind Sie?

Was macht Sie als Person aus? Welche Erfahrungen haben Sie geprägt und wie bringen Sie Ihre Persönlichkeit in die Arbeit ein?

Sind Sie fordernd und konfrontativ? Oder sind Sie eher eine ruhige Zuhörerin? Ein einfühlsamer, verständnisvoller Begleiter? Welche Rolle nehmen Sie bei der Arbeit ein? Sehen Sie sich als Ratgeber? Sparring-Partnerin? Expertin? Initiator? Mutmacher? Wegbegleiter? Jede dieser Rollen spricht bestimmte Klientengruppen an. Ihre Webseite und insbesondere die Fotos von Ihnen können diese Rolle unterstreichen.

Worin besteht Ihre Kompetenz?

Anhand Ihrer Angaben müssen die Besucher Ihrer Webseite beurteilen können, inwiefern Sie Ihrer Aufgabe gewachsen sind. Informationen über Studienabschlüsse und absolvierte Weiterbildungen tragen dazu ebenso bei wie langjährige Erfahrungen, Veröffentlichungen zu Ihrem Thema, Praxisbeispiele und Erfahrungsberichte Ihrer Klienten.

Warum tun Sie, was Sie tun?

Wie sind Sie auf die Idee gekommen, sich in diesem Bereich selbstständig zu machen? Was ist Ihre Herzensangelegenheit? Wen möchten Sie bei was aus welchem Grund unterstützen? Über Ihre Geschichte und Ihre Beweggründe schaffen Sie eine Verbindung zu potenziellen Klienten. Nutzen Sie Texte, Bilder und vielleicht sogar Filmsequenzen, um Kontakt zu Ihrer Zielgruppe aufzubauen und sich sichtbar zu machen.

Ihre „Über mich"-Seite

Da potenzielle Klienten gerne mehr über Sie wissen möchten, klicken sie oft als Erstes auf die Seite, die etwas über den Anbieter verrät. Auf dieser Seite stellen Sie sich vor, können Sympathien gewinnen, Vertrauen aufbauen und Ihre Kompetenz hervorheben.

In diese Seite Ihres Webauftritts sollten Sie besonders viel Energie stecken – sie ist entscheidend für Ihren Erfolg. Je mehr Profil Sie auf dieser Seite zeigen, je klarer Sie als Persönlichkeit in Erscheinung treten, desto eher finden diejenigen Klienten zu Ihnen, die wirklich zu Ihnen passen. Vielleicht geht es Ihnen beim Lesen dieser Zeilen gerade ähnlich wie mir beim Schreiben: Ich darf momentan gar nicht an unsere Team-Seite denken. Sie müsste dringend überarbeitet werden! Packen wir es an, Schritt für Schritt.

Nutzen Sie die folgenden Fragen, um sich einige Notizen für den Text der Vorstellungsseite zu machen. Oft lässt er sich danach leichter schreiben. Falls Sie sich damit schwertun, können Sie Ihren Text mithilfe Ihrer Notizen auch von jemand anderem schreiben lassen, einer schreibgewandten Bekannten, einem Kollegen oder von einer professionellen Texterin.

Übung

Schreiben Sie Ihre Über mich-Seite

Das Schwierigste zuerst: Sagen Sie in ein bis zwei Sätzen, was Sie tun und welchen Nutzen eine potenzielle Klientin davon hat. Beispiel:

Ich bin Florian Fröhlich, Unternehmensberater. Wenn Sie Geschäftsführer eines Unternehmens mit 1 bis 40 Mitarbeitern sind und um 17 Uhr mit ruhigem Gefühl in den Feierabend gehen möchten, sind Sie bei mir an der richtigen Adresse.

Ihr Satz: ______________________________

____

____

____

____

Was macht Sie aus? Welche Eigenschaften nehmen andere an Ihnen und Ihrem Unternehmen als Erstes wahr? Welche Werte sind Ihnen wichtig? Welche Stärken zeichnen Sie aus?

Meine größten Stärken sind:

1. ____________________

2. ____________________

Meine wichtigsten Werte sind:

1. ____________________

2. ____________________

Die folgenden Aussagen höre ich sehr oft über mich:

1. ____________________

2. ____________________

Welche Ziele verfolgen Sie mit Ihrer Arbeit? Gibt es vielleicht eine Vision, etwas Größeres, dem Sie sich verpflichtet fühlen? Etwas, das Sie sich für andere Menschen, für die Welt wünschen?

Das ist mein Hauptanliegen: ____________________

____

Folgendes möchte ich im Leben anderer Menschen bewirken:

____

____

____

Was hat Sie bewogen, Coach oder Trainerin zu werden? Warum sind Sie Experte für dieses spezifische Thema?

Deswegen habe ich mich für diesen Weg entschieden:

____

____

____

Welche Aus- und Weiterbildungen, Erfahrungen und Erfolge qualifizieren Sie für Ihre Tätigkeit? Welche weiteren Faktoren wie Mitgliedschaften in Berufsverbänden, Kundenfeedbacks, von Ihnen verfasste Artikel oder Fachbücher unterstreichen Ihre Kompetenz?

Meine wichtigsten Aus- und Weiterbildungen:

1. ______________________________

2. ______________________________

3. ______________________________

Meine wichtigsten beruflichen Stationen oder anderweitigen Erfahrungen:

1. ______________________________

2. ______________________________

3. ______________________________

Die wichtigsten weiteren Faktoren, die meine Kompetenz unterstreichen:

1. ______________________________

2. ______________________________

3. ______________________________

Machen Sie sich nun noch Gedanken darüber, wie Sie von Ihren Klienten am liebsten gesehen würden. Angenommen, ein Klient empfiehlt Sie weiter und schwärmt von Ihnen: Welche Aussagen würden Sie am meisten freuen?

____

____

____

____

Anhand dieser Stichworte können Sie nun Ihre Über-mich-Seite verfassen. Darin bringen Sie zum Ausdruck, wer Sie sind, was Sie können und warum Sie tun, was Sie tun. Schreiben Sie keinen Roman. Die Besucher Ihrer Webseite möchten sich rasch ein Bild machen können. Das Prinzip „Weniger ist mehr" gilt auch für Ihre Qualifikationen. Schreiben Sie nur die wichtigsten auf. Wenn Sie alles aufzählen, kann dies einen negativen Effekt haben:

- Lange Auflistungen wirken ermüdend – keiner kämpft sich auf einer Webseite durch einen dreiseitigen Lebenslauf.
- Listen Sie jede zweitägige Weiterbildung auf, gehen Ihre längeren und wichtigeren Weiterbildungen unter.
- Zählen Sie viele unterschiedliche Qualifikationen auf, entsteht der Eindruck, Sie hätten keinen klaren Fokus und seien daher wenig kompetent.
- Das Nennen „unwichtiger" Qualifikationen kann negativ wirken. Steht beispielsweise auf Ihrer Webseite, dass Sie vor vier Jahren einen halbseitigen Artikel für eine unbedeutende Zeitschrift geschrieben oder vor drei Jahren bei einer kleineren Organisation einen Vortrag gehalten haben, wird sichtbar, dass Sie kaum schreiben bzw. Vorträge halten oder es nötig haben, jeden „Mini-Erfolg" aufzulisten.

Es lohnt sich daher, bei der Aufzählung der Qualifikationen von Zeit zu Zeit auszumisten. Im Gegensatz zu einem Lebenslauf geht es bei der Über-mich-Seite nicht um Vollständigkeit. Wenn Sie Führungskräfte coachen, reicht es aus, zu schreiben, dass Sie fünf Jahre als Führungskraft beim Unternehmen Hahnfeld & Söhne gearbeitet haben. Dass Sie davor ein zweimonatiges Praktikum in der Eisdiele Schlecki absolviert haben, sollten Sie nicht erwähnen.

Wenn Sie einen tollen Artikel in einem für Ihre Zielgruppe wichtigen Magazin platzieren konnten: Verlinken Sie ihn auf Ihrer Webseite und löschen Sie gleichzeitig den Hinweis auf die Erwähnung in der Lokalzeitung.

Peppen Sie Ihre Über-mich-Seite auf

1. Fotos

Auf Ihre Über-mich-Seite gehört ein aussagekräftiges Foto. Sie sollten zumindest ein schönes, schlichtes Porträt für Ihre Webseite und weitere Marketingmaterialien wie Flyer, Trainerprofil etc. zur Verfügung haben.

Vielleicht haben Sie sogar den Mut, ein wenig mit der Kamera zu spielen? Neben einer ansprechenden Aufnahme Ihres Gesichts entstehen vielleicht noch Bilder von Ihnen in Aktion: im Gespräch mit einer Klientin, am Flipchart etc. Sie können die Fotos an passender Stelle auf verschiedenen Unterseiten einblenden und dadurch einen lebendigen Eindruck erzeugen.

2. Film

Videos sind eine gute Möglichkeit, sich den Klienten vorzustellen. Ein guter Film über Sie und Ihre Arbeit erzeugt bei potenziellen Kundinnen ein noch klareres Bild von Ihnen. Dazu können Sie gemeinsam mit einem Profi einen klassischen Image-Film erstellen, in dem Sie sich, Ihre Arbeit und Ihr Anliegen vorstellen.

Sie können sich aber auch in Aktion zeigen, indem Sie ein Coaching-Gespräch mit einem Kollegen oder einer Kollegin aufnehmen und erklären, wie Sie vorgehen, oder sich bei einem Vortrag oder Seminar filmen lassen und Ausschnitte davon auf Ihrer Webseite präsentieren. Mehr über den Aufbau einer Internetseite erfahren Sie im Kapitel zu Ihrem Auftritt im Internet.

Wie erreiche ich meine Kunden?

Viele Coaches und Trainerinnen tun sich schwer mit Marketing. Meist deshalb, weil sie nicht wissen, wie erfüllend Marketing in unserem Beruf ist! Als Berater, Coach oder Expertin müssen Sie sich nicht verkaufen. Sie müssen Kunden und Klienten weder mit überrissenen Versprechungen locken noch durch manipulative Verkaufstechniken zum Kauf drängen oder sich aufplustern. Sie brauchen nichts weiter zu tun, als sich zu fragen, wie Sie Ihre Klienten, Ihre Zielgruppe, gerne unterstützen möchten. Dabei konzentrieren Sie sich auf Ihre Stärken und Vorlieben.

Wenn Sie gerne präsentieren, können Sie Vorträge für Ihr Marketing nutzen. Reißen Sie Ihre Zuhörer mit, indem Sie spannend erzählen und hilfreiche Tipps geben. Sie werden nicht nur für den Vortrag bezahlt werden, sondern auch Klienten für Coachings oder Seminare gewinnen.

Falls Sie gerne schreiben, helfen Ihnen Blog-Artikel, Artikel in Zeitschriften oder ein Buch bei der Kundengewinnung.

Falls Sie der soziale Typ sind, der gerne netzwerkt, können Sie persönliche Netzwerke, Messen und Social Media nutzen, um mit Klienten in Kontakt zu kommen.

Vielleicht liegt Ihnen das alles nicht, weil Sie nur coachen möchten. Dann laden Sie potenzielle Klienten zu einem kostenlosen Probe-Coaching ein. Erarbeiten Sie mit ihnen mögliche Ziele und zeigen Sie ihnen, wie wertvoll Ihr Coaching ist.

Marketing ist so lange unangenehm, wie Sie sich auf sich selbst und Ihr Angebot konzentrieren. Spannend wird es, wenn Sie Ihre Zielgruppe in den Fokus stellen, sie tatkräftig unterstützen und dabei zu Ihren Klienten eine Beziehung aufbauen. Bevor wir uns die einzelnen Möglichkeiten ansehen, möchte ich Ihnen ein paar wichtige Prinzipien mit auf den Weg geben.

Marketing: Was muss ich beachten?

Ihr Marketing wird deutlich effektiver, wenn Sie folgende Prinzipien beachten:

Bündeln Sie Ihre Kräfte!

Es kommt vor, dass ein Klient einen Flyer oder eine Webseite sieht und sofort ein Coaching oder ein Training bucht. Dies geschieht vor allem dann, wenn beim Klienten oder Kunden bereits ein akuter Bedarf vorliegt und er aktiv auf der Suche nach Angeboten ist. Dies ist beispielsweise dann der Fall, wenn ein HR-Verantwortlicher einer Firma die Aufgabe hat, möglichst rasch eine Weiterbildung zum Einmaleins der Führung für junge Führungskräfte auf die Beine zu stellen. Er wird sich vielleicht einen halben Tag Zeit nehmen, verschiedene Angebote vergleichen und sich dann entscheiden. Die Wahrscheinlichkeit steigt, dass Sie diesen Auftrag erhalten, wenn Ihre Webseite zu verstehen gibt, dass Sie die geeignete Person sind und der Preis stimmt.

Häufig sind jedoch mehrere Kundenkontakte notwendig, um einen Auftrag zu erhalten. Dabei hängt es vom Produkt ab, wie lange Kunden überlegen und wie viel Vertrauen sie in den Anbieter benötigen, um zu kaufen. Sehen Sie in der Auslage einer Bäckerei herrlich duftende Croissants, werden Sie kaum mehrere Male daran vorbeigehen müssen, um zuzugreifen – Sie kaufen sofort. Anders ergeht es Kunden und Klienten bei komplexeren Dienstleistungen wie Training oder Coaching, für die sie nicht nur verhältnismäßig viel Geld, sondern auch Zeit aufwenden müssen.

Überlegen Sie einmal, wie Sie sich für vergangene Weiterbildungen, Trainings, Beratungen oder Coachings entschieden haben. Wie lange hat dieser Prozess gedauert? Was war ausschlaggebend, gerade bei dieser Person oder Institution zu buchen? Wie oft und in welcher Form hatten Sie vom Anbieter gehört, bevor Sie sich angemeldet haben?

Neben der bloßen Anzahl der Kontakte kommt es auch auf die Art und Weise und Intensität der Kontakte an. Einmal etwas von oder über eine bestimmte Person gelesen zu haben, ist nicht das Gleiche, wie sie live bei einem Vortrag zu sehen und zu hören. Ein Video sagt evtl. mehr aus als ein Fachartikel in einem Magazin und ein Artikel mehr als eine Erwähnung in der Tagespresse.

Daraus lässt sich schlussfolgern:

- Ein Großteil der Kunden muss mehrmals mit Ihnen in Berührung gekommen sein, bevor er bucht.
- Je intensiver der Kontakt und je mehr Informationen Kunden durch einen einzelnen Kontakt über Sie gewinnen können, desto eher treffen sie eine Kaufentscheidung.
- Je persönlicher der Kontakt war, desto besser kann sich Ihr Gegenüber entscheiden.

Was heißt das nun für die Praxis? Sie sollten Ihre Kräfte bezüglich Marketing und Werbung bündeln! Sie werden wahrscheinlich mehr Kunden finden, wenn Sie

- Mit einigen ausgesuchten Netzwerkpartnern eine enge Austauschbeziehung pflegen anstatt mit möglichst vielen Personen Kontakt aufnehmen
- sich bei Google Ads auf ein bestimmtes Gebiet beschränken und Ihre Werbung öfter einblenden, anstatt Ihr kleines Budget für ein großes Gebiet einzusetzen
- dreimal für die gleiche Zeitschrift einen Artikel schreiben anstatt jeweils einen Artikel für drei verschiedene Zeitschriften
- ...

Natürlich gilt es auch hier, das richtige Maß zu finden: Einer einzigen Person 25 000 Flyer zu senden wäre wenig zielführend. Ich kenne jedoch fast niemanden, der es bezüglich Werbung und Marketing in diese Richtung übertreibt. Viele Trainerinnen und Coaches stellen sich vor, dass ihre Kunden ihre Werbung – zum Beispiel ein Inserat – sehen, genau studieren und sich sofort überlegen, ob sie zum Hörer greifen und sich anmelden sollen. Das tun sie in den wenigsten Fällen. Normalerweise sieht der Vorgang bei einer Anzeige in einem Magazin eher folgendermaßen aus:

1. Durchgang: Der Kunde überfliegt die Anzeige.
2. Durchgang: Der Kunde sieht die gleiche Anzeige zum zweiten Mal – das fällt ihm auf und er schaut sie sich kurz an.
3. Durchgang: Der Kunde sieht die Anzeige und denkt: „Aha, schon wieder die.“ Vielleicht sieht er sich die Webseite an.
4. Durchgang: Der Kunde sieht die Anzeige und hat bereits über das Angebot nachgedacht. Es reizt ihn. Er überlegt sich, sich das Angebot genauer anzusehen und evtl. das „unverbindliche Erstgespräch per Telefon“ in Anspruch zu nehmen. Zu Hause merkt er, dass er die Zeitschrift im Zug hat liegen lassen. Er kann sich leider nicht mehr an den Namen des Anbieters erinnern.
5. Ein Monat vergeht und der Kunde kauft sich die neue Ausgabe – und siehe da: Er findet diesclbc Anzcigc, ruft an und bucht dic Wciterbildung.

Vielleicht muss der Kunde die Anzeige auch nur zwei- oder dreimal sehen – es kommt jedoch eher selten vor, dass er sie nur einmal zu Gesicht bekommen muss, um sofort aktiv zu werden.

Wenn potenzielle Kunden mehrmals von einem bestimmten Anbieter hören,

- beginnen sie sich dessen Namen einzuprägen
- entwickelt sich bei ihnen eher das Gefühl, diesem Anbieter vertrauen zu können
- fällt er ihnen als Erstes ein, wenn sie nach einem Anbieter in diesem Bereich gefragt werden.

Um sich dieses Prinzip zu verdeutlichen, können Sie einen ganz simplen Test machen: Stellen Sie sich vor, Sie möchten Ihr Englisch aufbessern und müssten sich für eine Sprachschule entscheiden. Wie würden Sie vorgehen, um ein geeignetes Institut zu finden?

Vielleicht würden Sie sich zunächst fragen, welche Sprachschulen Sie bereits kennen. Falls Sie Tram oder Bus fahren, haben Sie evtl. mehrfach die Werbung einer bestimmten Schule gesehen. Es ist nun wahrscheinlicher, dass Sie bei diesem Anbieter buchen, da Sie seinen Namen bereits kennen und unbewusst das Gefühl entwickelt haben: Wenn der so bekannt ist und bereits länger am Markt besteht, ist die Schule wahrscheinlich auch gut.

Vielleicht fällt Ihnen kein Name ein und Sie suchen über Google. Sie finden einige Treffer und sehen einige Anzeigen. Nun werden Ihnen auf den ersten Blick eher diejenigen Seiten und Werbungen ins Auge fallen, die den Namen eines Anbieters tragen, der Ihnen bereits vertraut erscheint. Vielleicht konnten Sie sich nicht mehr bewusst an irgendeinen Namen erinnern, aber während Sie sich die Suchergebnisse ansehen, denken Sie: „Aha, die kenne ich" – und klicken zuerst auf diese Schule.

Ihr Ziel muss sein, mit Ihrem Angebot bei Ihrer Zielgruppe beständig präsent zu sein. Mit der Zeit setzen sich Ihr Name, Ihr Angebot und Ihre Botschaft in den Köpfen der Menschen fest. Haben diese zu einem späteren Zeitpunkt Bedarf oder werden sie von jemand anderem um eine Empfehlung gebeten, fällt ihnen Ihr Angebot wieder ein.

Oft haben Coaches und Trainerinnen Angst, potenzielle Kunden zu nerven, wenn sie zu oft mit ihrer Zielgruppe in Kontakt treten. Die psychologische Forschung zeigt jedoch: Was wir häufig sehen, wird uns sympathischer. Das gilt sowohl für Produkte als auch für Menschen – sofern der erste Kontakt positiv ausfiel. Robert Zajonc beschrieb dieses Phänomen erstmals 1968 und gab ihm den Namen Mere-Exposure-Effekt (Effekt des bloßen Kontakts). So beurteilten beispielsweise Studierende ihre Mitstudierenden umso positiver, je häufiger sie diese gesehen hatten (Moreland & Beach, 1992). Versuchspersonen wählten unbewusst häufiger Produkte, die sie zuvor öfter gesehen hatten (vgl. Blüher & Pahl, 2007).

Auf diesen Effekt setzen beispielsweise Politiker, deren Gesichter während des Wahlkampfes überall zu sehen sind. Und auch hier zeigt sich: Werden Versuchspersonen Fotos gezeigt, schätzen sie die darauf abgebildeten Personen als attraktiver und sympathischer ein, wenn sie die Bilder zuvor öfter gesehen hatten (Peskin & Newell, 2004). Fassen Sie sich also ein Herz und zeigen Sie sich! Da es so wichtig ist, mehrfach mit Klienten in Kontakt zu kommen, ist das Internet genau dafür ein ideales Instrument.

Versuchen Sie aus einem mehrere Kontakte zu machen!

Wenn Sie einen Blog schreiben, regelmäßig Spannendes auf Facebook posten, twittern oder Newsletter versenden, sorgen Sie dafür, dass aus einem einmaligen Kontakt eine engere Beziehung entsteht, die es potenziellen Kunden ermöglicht, Sie genauer kennenzulernen und Vertrauen aufzubauen.

Ich selbst hatte beispielsweise nach einem Streifzug durchs Internet den Newsletter von Gitte Härter abonniert. Regelmäßig erhielt ich Tipps zum Thema Selbstständigkeit. Mit jedem einzelnen Newsletter wuchs die Überzeugung: Diese Gitte Härter hätte ich gerne als Coach. Nach einem halben Jahr, als ich eine neue Webseite erstellen wollte, war es schließlich so weit und ich war bereit, fünf Stunden E-Mail-Coaching zu kaufen. Durch die Newsletter hatte ich ein Gespür dafür entwickelt, wer die Anbieterin ist, wie sie vorgeht, was ihr wichtig ist und ob wir auf der gleichen Wellenlänge sind. Ich hatte nicht mehr das Gefühl, die Katze im Sack zu kaufen.

Beschränken Sie sich auf wenige Kanäle

Als Trainer, Beraterin oder Coach können Sie unzählige Kanäle für Ihr Marketing nutzen: Blogs, Internetseiten, Facebook, Instagram YouTube, LinkedIn, Werbebriefe, Telefonate, Artikel in Zeitungen und Zeitschriften, Google Ads, Vorträge, Messen etc.

Allerdings sollten Sie sich bei der Wahl der Kanäle auf einige wenige beschränken. Sie benötigen Erfahrung und Zeit, um sich über einen Kanal gut zu vermarkten. Eine gute Internetseite oder ein qualitativ hochwertiger Podcast bringt Ihnen viel, ein Podcast, der Kunden nicht anspricht, und eine Homepage, die keiner findet, nützt Ihnen nichts.

Viele Experten werden Ihnen erzählen, dass bestimmte Marketingstrategien heute ein Muss sind. Das stimmt nicht! Verschiedene Profis gewinnen ihre Klienten über sehr unterschiedliche Kanäle. Der eine fast nur über Vorträge, die andere fast ausschließlich über ihren Blog, ein dritter praktisch nur über aktives Networking. Das, was sie verbindet, ist ihre Professionalität. Das heißt: Sie haben ihre Fertigkeiten bei der Nutzung dieser Kanäle perfektioniert und arbeiten täglich daran, ihr Marketing über diesen bestimmten Kanal weiter auszubauen.

Die häufigste „Strategie" wenig erfolgreicher Coaches und Trainerinnen besteht darin, sich entweder auf Mund-zu-Mund-Propaganda zu verlassen oder ständig etwas Neues auszuprobieren, sich von jedem Hype um ein neues Medium blenden zu lassen und jeweils aufzugeben, wenn sich der Erfolg nicht sofort einstellt. Sie müssen aktiv werden – aber machen Sie lieber wenige Dinge gut als alles ein bisschen. Es gilt:

- Vorträge, die die Zuhörer fesseln, sind eine gute Möglichkeit, sich einen Namen zu machen und Klienten zu gewinnen – mittelmäßige Vorträge werden Ihnen kaum zum Erfolg verhelfen.
- Eine sorgfältig gestaltete, übersichtliche und aktuelle Webseite, die viele hilfreiche Informationen zu einem Thema zur Verfügung stellt, kann zu einem Knotenpunkt im Netz werden und viele neue Klienten anziehen. Ein durchschnittlicher Webauftritt nützt wenig.
- Ein Newsletter, der für Ihre Kunden so nützlich ist, dass er aktiv weiterempfohlen wird, kann wesentlich zu Ihrem Erfolg beitragen. Ein ichbezogener Werbebrief wird gelöscht und wieder abbestellt.

Bedenken Sie auch, dass die meisten Marketingmittel laufend Zeit und Energie beanspruchen:

- ▸ Newsletter müssen regelmäßig versandt werden.
- ▸ Die Internetseite muss ständig aktualisiert werden.
- ▸ Ein Blog oder eine Facebook-Seite nützt Ihnen nur, wenn Sie regelmäßig neue Inhalte hochladen.

Viele Trainer oder Coaches starten voller Elan und versuchen, auf allen Hochzeiten gleichzeitig zu tanzen. Sobald sie die ersten Aufträge erhalten, rächt sich das. Nun fehlt die Zeit, um all die verschiedenen Kanäle zu bedienen: Es wird nur noch sporadisch gebloggt, die Internetseite nicht mehr aktualisiert und für das Verteilen der Flyer fehlt die Zeit. Daher ist es besser, zu Beginn zu überlegen, wie viel Zeit Sie für das Marketing auf lange Sicht einplanen wollen und was in dieser Zeit machbar ist. Ein Marketingplan sieht beispielsweise folgendermaßen aus:

Ich möchte zwei Tage pro Woche für Marketing und Werbung aufwenden. Diese Zeit werde ich investieren, um

- ▸ einen Blog-Artikel zu schreiben, den ich jeweils am Montag hochladen werde

- den Blog-Artikel über einen Newsletter und die sozialen Medien zu verbreiten
- auf thematisch verwandten Blogs zu kommentieren
- Artikel für Zeitschriften und andere Blogs zu schreiben
- potenzielle und bestehende Kunden anzurufen.

Definieren Sie möglichst genau, wen Sie erreichen möchten

Wie erwähnt ist es sinnvoll, sich beim Marketing und der Werbung zu beschränken und die vorhandenen Kräfte zu bündeln. Dabei ist es natürlich wichtig, Ihre Werbung nicht irgendwo zu platzieren. Falls Sie eher spezialisiert sind, haben Sie es in diesem Punkt leichter. Fragen Sie sich:

- Wie ist meine Zielgruppe organisiert (Selbsthilfegruppen, Berufsverbände etc.)?
- Was liest meine Zielgruppe?
- Nach welchen Informationen und Begriffen sucht meine Zielgruppe?
- Durch welche Merkmale zeichnet sich meine Zielgruppe aus?
- In welchem geografischen Raum möchte ich tätig sein?

Je konkreter die Antworten auf diese Fragen sind, desto positiver wird sich das auf die Effektivität Ihres Marketings auswirken. Schließlich möchten Sie nicht, dass 99 Prozent der Menschen, die von Ihnen hören, sowieso nicht an Ihrem Angebot interessiert sind – denn diese auf sich aufmerksam zu machen kostet Geld.

Wie Sie sicherstellen können, dass Sie Ihre Zielgruppe möglichst effizient erreichen, erfahren Sie im Abschnitt Marketingmittel.

Beschreiben Sie den Nutzen Ihres Angebots so konkret wie möglich

Es ist unbedingt notwendig, dass Ihre Kunden sofort erkennen können, welchen Nutzen sie aus der Zusammenarbeit mit Ihnen oder Ihrem Angebot ziehen können. Ich komme nochmals darauf zurück, weil es den wenigsten Coaches und Trainerinnen gelingt, diesen Nutzen klar genug zu beschreiben.

Wir alle wissen zum Beispiel, was ein Englischkurs ist. Damit ist jedoch noch nicht geklärt, auf welches Ziel ein bestimmter Kurs hinarbeitet, wie gearbeitet wird und welche Voraussetzungen wir als Kunde mitbringen sollten. Handelt es sich um einen

- Kommunikationskurs für Anfänger oder Fortgeschrittene?
- Gruppenkurs oder ein auf uns zugeschnittenes Einzeltraining?
- Kurs, bei dem die Rechtschreibung und Grammatik im Vordergrund steht?
- Literaturanalyse-Kurs bei einem pensionierten Gymnasiallehrer?

Zu diesen Fragen möchten Sie eine Antwort, bevor Sie buchen. Sie wollen wissen, ob Sie danach besser sprechen, besser schreiben oder schwierige Texte lesen können, ob Sie spezifische Kompetenzen in einem Bereich oder allgemeine Fertigkeiten erwerben und welches Niveau Sie durch den Kurs erreichen werden. Auch Ihre Kunden wollen wissen, was es ihnen bringt, wenn sie Sie für ein Seminar buchen oder sich von Ihnen coachen lassen. Sagen Sie es Ihnen – in klarer Sprache, mit einfachen Worten und in Kürze. Machen Sie deutlich, was das wichtigste Resultat ist, das sich durch die Zusammenarbeit mit Ihnen erreichen lässt.

Lassen Sie andere für sich sprechen

Social Proof bzw. soziale Bewährtheit ist eines der wichtigsten Konzepte im Marketing. Wenn wir eine Entscheidung für oder gegen eine Dienstleistung treffen und uns unsicher sind, verlassen wir uns gerne auf die Meinung anderer. Dabei richten wir uns besonders nach Personen, die wir mögen und deren Urteil wir vertrauen. Genau so funktioniert Mund-zu-Mund-Propaganda.

Wie Studien zeigen, vertrauen aber auch immer mehr Menschen auf Meinungen und Empfehlungen, die online gepostet werden (mehr dazu im Nielsen-Report 2015 und im BrightLocal Consumer Review 2014). Grund dafür ist, dass es durch das Internet deutlich leichter geworden ist, sich Meinungen einzuholen. Wir lesen Rezensionen auf LovelyBooks, informieren uns, wie andere Touristen Hotels beurteilt haben, lesen Testberichte und schauen auf der Suche nach einem Restaurant auf Google nach, wie viele Sterne andere Gäste vergeben haben. Dabei vertrauen wir auf die Masse: Wenn von 100 Gästen 55 das Hotel miserabel fanden, können die Fotos auf der Webseite noch so hübsch aussehen – wir werden misstrauisch.

Das Prinzip der sozialen Bewährtheit greift aber nicht nur bei Rezensionen. Oft reicht das Gefühl aus, dass etwas gefragt ist, um unser Interesse zu wecken. Das können hohe Fan- oder Follower-Zahlen auf Facebook- oder Twitterkanälen sein, der Hinweis, dass bei einem Restaurant frühzeitiges Reservieren nötig ist, oder die Tatsache, dass ein Referent auf Monate hinaus ausgebucht ist (vgl. Cialdini, 2017; Goldstein, Martin & Cialdini, 2009).

Doch wie können Sie die soziale Bewährtheit für sich nutzen? Folgende Möglichkeiten haben Sie:

- Bitten Sie zufriedene Kunden um ein Statement (Testimonial) für Ihre Webseite oder um eine Rezension auf Ihrer Firmen-Facebook-Seite oder Google-Business-Seite.
- Nennen Sie Veranstalter als Referenz.
- Wenn Sie einen Vortrag vor einem großen Publikum halten: Schießen Sie ein Bild davon und stellen Sie es auf Ihre Webseite.
- Sind Sie bereits länger im Geschäft oder haben zahlreiche Klienten beraten? Erzählen Sie davon.
- Wenn eine Zeitung über Sie berichtet hat: Setzen Sie einen Link auf den Artikel.

Das Prinzip „Bündeln Sie Ihre Kräfte" nutzt indirekt den Effekt der sozialen Bewährtheit. Es sorgt dafür, dass ein bestimmter Personenkreis immer wieder von Ihnen hört und innerhalb dieses Kreises von Ihnen gesprochen wird. Auf diese Weise begegnen potenzielle Kunden immer wieder Ihrem Namen. Dies ist besonders dann effektiv, wenn Personen über mehrere Quellen von Ihnen erfahren (Lee, 2004). Sicher haben Sie dies bereits selbst erlebt: Sie möchten beispielsweise eine zweitägige Weiterbildung besuchen und sind sich noch unsicher, welchen Anbieter Sie wählen sollen. Eine Beschreibung des Seminars klingt vielversprechend, aber Sie kennen die Dozentin nicht. In einer Gruppe anderer Coaches und Trainer werfen Sie den Namen in die Runde. Eine erste Person meint, dass sie mehrfach spannende Artikel dieser Person gelesen hat. Eine andere fand den Vortrag dieser Dozentin sehr interessant. Eine dritte kennt eine Freundin, die von eben dieser Weiterbildung geschwärmt hat. Nun fällt es Ihnen leichter, sich anzumelden.

Machen Sie sich rar

Ein weiteres psychologisches Prinzip, das Ihnen bei der Vermarktung Ihrer Dienstleistung helfen kann, ist Knappheit (vgl. Cialdini, 2017; Verhallen & Robben, 1994; Lynn, 1991). Dabei wird das Angebot bewusst niedriger gehalten als die Nachfrage – oder es wird zumindest die Illusion erzeugt, dass das beworbene Produkt oder die Dienstleistung sehr gefragt ist.

Dieses Prinzip begegnet Ihnen in der Welt des Marketings und Verkaufs andauernd. Sie suchen auf einer Buchungsplattform ein Hotel und sehen den eingeblendeten Hinweis: Nur noch ein Zimmer dieses Typs vorhanden. Drei andere Personen schauen sich im Moment diese Seite an. Geradezu meisterlich beherrscht wird dieses Prinzip von Apple. Fans campieren stundenlang vor Läden, um eines der begehrten Smartphones oder Tablets zu ergattern, die zunächst – leider – immer nur in stark begrenzter Stückzahl geliefert werden können. Besonders schön für Apple: Die Presse sorgt mit ihren Berichten für unschlagbare Gratiswerbung.

Vielleicht geht es Ihnen wie mir und Sie rümpfen bei diesen Beispielen angewidert die Nase. Es gibt kaum ein Marketingprinzip, das manipulativer eingesetzt wird. Dennoch sollten Sie sich überlegen, ob Sie dieses Prinzip nicht innerhalb ethisch vertretbarer Grenzen für sich nutzen möchten.

Wir selbst haben eher zufällig erfahren, wie stark sich Verknappung auf die Attraktivität eines Angebots auswirkt: Unser Elternkurs lief eher mäßig. Nachdem wir den Kurs zum dritten Mal in Folge mit einer zu kleinen Gruppe anbieten mussten, entschieden wir, die zeitlichen Abstände zu vergrößern. Wir dachten uns: Anstatt das Seminar achtmal pro Jahr mit zehn Teilnehmerinnen anzubieten, schreiben wir lieber nur noch vier Termine pro Jahr aus und hoffen darauf, dass jeweils zwanzig Personen teilnehmen. Fast sofort stiegen die Anmeldezahlen. Die Teilnehmer dachten wohl: Wenn ich den Kurs jetzt nicht besuche, muss ich vier Monate auf die nächste Gelegenheit warten. Sobald außerdem der erste Kurs ausgebucht war und wir dies auf der Webseite festhielten, fand ein regelrechter Run auf den nächsten Kurs statt. Viele Kunden meinten am Telefon: „Ich weiß, es ist noch etwas früh, aber ich habe gesehen, dass der Kurs im Februar bereits ausgebucht ist – daher wollte ich mir gleich einen Platz für den Juni sichern!" Das kleine, rote „ausgebucht" hinter einzelnen Kursen erhöhte scheinbar augenblicklich die Attraktivität unserer Seminare.

Ich muss gestehen, dass es mir als Kunde ähnlich geht. Wenn ich weiß, dass eine Dozentin auf Monate hinaus ausgebucht ist, frage ich sie viel früher an, ob sie wieder ein Seminar für uns leiten könnte. Und wenn ich erfahre, dass man sich bei einer bestimmten Seminarleiterin oder einem Coach früh um einen Platz kümmern muss, da diese „weit im Voraus ausgebucht" sind, wirkt deren Angebot interessanter.

Es stellt sich daher die Frage: Wie können Sie das Prinzip der Knappheit für sich nutzen?

- Falls ein Seminar ausgebucht ist oder nur noch wenige Plätze frei sind: Vermerken Sie dies auf der Webseite.
- Vergrößern Sie die Abstände, in denen Sie bestimmte Kurse oder Seminare anbieten, damit diese häufiger ausgebucht sind.
- Halten Sie die Gruppe absichtlich klein: Falls Sie normalerweise zehn Teilnehmer für einen Kurs finden, können Sie die Anzahl auf zehn beschränken, anstatt auf zwanzig Anmeldungen zu hoffen. Für die Teilnehmer wird der Kurs durch die kleine Gruppe attraktiver und Sie können rascher „noch drei freie Plätze" auf Ihre Webseite schreiben. Sobald der Kurs regelmäßig ausgebucht ist, können Sie die Teilnehmerzahl erhöhen.
- Machen Sie sich rar, indem Sie für bestimmte Angebote eine Obergrenze festlegen: Meine Kollegin Stefanie Rietzler und ich mussten uns eingestehen, dass uns Vorträge am Abend sehr viel Energie kosten. Wir legten daher eine Obergrenze von einem Vortrag pro Woche fest. Eigentlich war dies nur als Entlastungsmaßnahme gedacht, aber auch hier zeigte sich: Sobald auf der Webseite stand, dass wir für bestimmte Monate als Referenten ausgebucht sind, erhielten wir mehr Anfragen. Kunden baten uns zudem nicht mehr um eine Preisreduktion oder Referenzen.

Seien Sie großzügig!

Auf der Suche nach einer passenden Dozentin für einen unserer Kurse holte ich einige Rückmeldungen zu einer Autorin ein, deren Buch mich angesprochen hatte. „Kennst du sie?“, fragte ich eine Kollegin. Diese meinte: „Ja, inhaltlich hat sie überzeugt. Aber sie war mir nicht sonderlich sympathisch. Als ein Zuhörer fragte, ob sie uns die Folien zusenden kann, meinte sie, sie habe viel Arbeit in die Präsentation gesteckt und möchte sie daher nicht rausgeben. Aber man könne einzelne Folien abfotografieren.“

Diese Haltung begegnet mir oft: die Angst, jemand könnte einem etwas wegnehmen oder zu einem ähnlichen Thema etwas anbieten, ohne sich die Inhalte selbst zu erarbeiten. In der Folge werden Folien und Skripte gehütet wie ein Schatz. Manchmal begründen Trainer dieses Verhalten mit negativen Erfahrungen aus der Vergangenheit. Vielleicht hat vor Jahren eine Konkurrentin das Material kopiert und als ihr eigenes ausgegeben.

Vertrauen und Großzügigkeit werden ab und zu missbraucht. Was diese Dozierenden jedoch unterschätzen, sind die Kosten von Geiz und Misstrauen. Genannte Autorin weiß nicht, dass meine Kollegin nach dem Vortrag entschied, keine Weiterbildung bei ihr zu besuchen. Sie kann auch nicht ahnen, dass ich durch diese Schilderung darauf verzichtet habe, sie in unser Weiterbildungscurriculum aufzunehmen. Verpasste Chancen bleiben unsichtbar.

Großzügigkeit kann dazu führen, dass man ab und zu von jemandem kopiert wird. Ich bin der Meinung, dass sich der Schaden, der dadurch entsteht, in Grenzen hält. Der Markt ist meist groß genug für mehrere Anbieter und im Normalfall kaufen die Menschen lieber das Original. Was uns als Coaches oder Trainerinnen ausmacht, ist unsere Persönlichkeit und diese lässt sich nicht kopieren. Gleichzeitig ist Großzügigkeit ein ausgezeichneter Türöffner. Stefanie Rietzler und ich waren von Anfang an sehr freigiebig mit unserem Material. So sehr, dass uns Kunden immer wieder erstaunt gefragt haben: „Was? Und das dürfen wir alles einfach so haben?“ Manche Veranstalter und Seminarteilnehmerinnen wollten der Sache auf den Grund gehen: „Warum gebt ihr das alles kostenlos raus?“ Meine Antwort darauf lautet: „Wieso bist du heute hier und hast dieses Seminar gebucht?“

Dabei wird dem Gesprächspartner bewusst: Weil wir als Anbieter in irgendeiner Weise in Vorleistung gegangen sind:

- „Weil ich auf euren kostenlosen Online-Kurs gestoßen bin und sich dadurch vieles verändert hat."
- „Weil mir eure witzigen Filme bei einem Problem mit meiner Tochter weitergeholfen haben."
- „Weil mir eine Kollegin eure Folien weitergeschickt und mich auf eure Webseite aufmerksam gemacht hat."

So lauten die Antworten. Ich bin immer freigiebig gewesen, auch schon vor meiner Selbstständigkeit. Es stand kein Kalkül dahinter. Es freut mich einfach, wenn ich Menschen weiterhelfen kann, auch solchen, von denen ich nie etwas höre und die nie etwas von uns kaufen werden. Im Laufe der Zeit durfte ich feststellen: Schenken macht als Selbstständiger nicht nur Freude – es lohnt sich auch!

Dafür sorgt das Prinzip der Gegenseitigkeit bzw. Reziprozität. Es besagt: Wenn wir von jemandem etwas erhalten, entsteht das Bedürfnis, dieser Person etwas zurückzugeben (vgl. Cialdini, 2017; Regan, 1971). Vielleicht kaufen wir ein Buch dieser Person oder buchen ein Seminar. Vielleicht liken und teilen wir ihre Beiträge auf Facebook oder sprechen eine Empfehlung aus. Das Prinzip der Gegenseitigkeit ist jedoch nicht der einzige Grund, weshalb Großzügigkeit sich auszahlt: Wenn Sie freigiebig mit Ihrem Material umgehen, lernen deutlich mehr Menschen Sie und Ihre Arbeit kennen. Je besser potenzielle Kunden oder Klienten über Ihr Angebot informiert sind, desto besser können sie sich entscheiden, ob sie bei Ihnen ein Coaching, ein Seminar oder eine Weiterbildung buchen möchten. Laden Sie beispielsweise ein Vortragsvideo auf YouTube hoch, helfen Sie damit einigen Menschen weiter. Und Sie werden häufiger gebucht, weil Veranstalter sehen können, dass Sie etwas auf dem Kasten haben.

Vielleicht denken Sie gerade: „Warum soll mich noch jemand buchen, wenn mein Vortrag online ist und dort kostenlos abgerufen werden kann?" Ganz einfach: Weil Veranstalter eine Referentin oder einen Referenten für ihr Publikum suchen und nicht sagen werden: „Guten Abend, liebe Besucherinnen, da Frau x ihren Vortrag kostenlos auf YouTube zur Verfügung stellt, haben wir uns das Honorar gespart und zeigen Ihnen heute Abend lediglich die Aufnahme."

Sie können dieses Prinzip nutzen. Fragen Sie sich:

- Wie könnte ich anderen Menschen dienen?
- Wem könnte ich eine Freude machen oder etwas schenken, ohne eine Gegenleistung zu erwarten?
- Wo kann ich großzügiger werden?
- Welche diesbezüglichen Ängste sind bei näherer Betrachtung unbegründet?

Für uns erwies sich das Prinzip der Gegenseitigkeit als wichtigster Erfolgsmotor überhaupt. Zehntausende Eltern und Fachpersonen nutzen unsere kostenlosen Online-Kurse, Filme und Materialien. Sie sprechen über uns und empfehlen uns weiter. Und ein kleiner Bruchteil dieser Menschen kauft etwas von uns.

Wege zu Ihrer Zielgruppe: Marketinginstrumente

Sobald Sie wissen, was Sie anbieten und welche Zielgruppen Sie erreichen wollen, wird es Zeit, Ihren Kunden zu sagen, wer Sie sind, was Sie tun und warum sie gerade bei Ihnen ein Seminar, Coaching oder einen Vortrag buchen sollten. Dafür stehen Ihnen unzählige Kanäle und Instrumente zur Verfügung.

Networking: Muss ich jetzt Visitenkarten verteilen?

Ganz ehrlich: Mich schaudert es bereits, wenn ich dieses Wort nur lese. Ich denke an Smalltalk, Messen und den Austausch von Visitenkarten.

Dabei geht es lediglich um den Aufbau und die Pflege von beruflichen Beziehungen, die für beide oder mehrere Parteien nützlich sind – und das macht Spaß!

Für diejenigen unter Ihnen, die – wie ich – etwas introvertiert sind und das Halten vieler oberflächlicher Kontakte anstrengend finden, möchte ich Folgendes anmerken: Drei bis fünf wertvolle, enge Beziehungen können hilfreicher sein als fünfzig oder hundert lose Kontakte. Ich selbst hatte immer einen sehr kleinen Freundeskreis, dasselbe gilt für mein berufliches Netzwerk: Es besteht aus einigen handverlesenen Kontakten, aus Menschen, die ich gerne mag, und aus Beziehungen, die für beide Seiten einen Gewinn darstellen. Für Netzwerkpartner sowie sich daraus ergebende Kooperationen sollte das von Stephen Covey (2005) formulierte Prinzip „Win-win oder kein Geschäft" gelten. Entweder die Zusammenarbeit ist für beide erfreulich und gewinnbringend, oder man lässt es!

Zum Auftakt möchte ich Ihnen verschiedene Typen von Netzwerkpartnern vorstellen, die Ihnen unterschiedliche Vorteile verschaffen können.

Intervisionsgruppe

Eine Intervisionsgruppe besteht aus beruflich Gleichgestellten, die sich bei der Lösung von Problemen gegenseitig beraten und unterstützen.

Wahrscheinlich haben Sie während Ihrer Ausbildung(en) bereits in solchen Gruppen gearbeitet. In einer Intervisionsgruppe lassen sich berufliche Probleme besprechen. Ich würde Ihnen dazu raten, eine Gruppe zu suchen oder zu bilden, in der es auch möglich ist, Marketingfragen zu besprechen, wie

- „Wie findest du meinen Flyer?"
- „Wie machst du das mit der Webseite? Kannst du deinen Webmaster empfehlen?"
- „Du hast einen Vortrag gehalten? Wie bist du an den Auftrag gekommen?"
- „Kannst du mir zeigen, wie ich bei Facebook Werbung schalten kann?"
- ...

Tauschen Sie sich über Probleme und Sorgen, Erfolgsrezepte und Tipps, hilfreiche Bücher und Blogs aus. Selbstständig zu sein gelingt viel leichter, wenn Sie sich nicht als Einzelkämpfer sehen. Ein Netzwerk zum Zweck der Intervision können Sie nutzen, um

- sich gegenseitig zu motivieren
- sich aufbauen zu lassen, wenn es nicht rund läuft
- Ideen, gute Adressen und Erfolgsrezepte auszutauschen
- sich gegenseitig konkret bei bestimmten Fragen zu helfen
- Abmachungen zu treffen („Bis zum nächsten Treffen habe ich das Gerüst für meine Webseite!").

Solche Gruppen sind effektiv, wenn sie eher klein sind – zwei bis drei Personen können auf diese Weise meist besser zusammenarbeiten als große Gruppen.

Ihre Konkurrenz

Sie haben richtig gelesen: Ihre direkten Konkurrenten können zu wertvollen Verbündeten werden. Tauschen Sie sich in der Intervisionsgruppe mit Coaches oder Trainern aus, die ähnliche Ziele verfolgen und die gleiche oder ähnliche Zielgruppen bedienen, hat dies den Vorteil, dass Sie einen größeren Lerneffekt erzielen. Sie können sich zudem wirksam gegenseitig unterstützen. Ohne Angst davor, andere könnten Ihnen ein Kuchenstück wegnehmen, können Sie sich fragen, wie Sie gemeinsam einen größeren Kuchen backen könnten.

Sie können beispielsweise Kosten sparen, indem Sie
- sich eine Praxis teilen
- einen gemeinsamen Webauftritt erstellen.

Sie können Zeit sparen, indem Sie
- vom Wissen des anderen profitieren und sich gegenseitig bei Fragen unterstützen
- der anderen Person erlauben, funktionierende Werbemaßnahmen zu kopieren

Bei der Kundenakquise können Sie sich gegenseitig unterstützen, indem Sie
- sich gegenseitig auf Ihren Webseiten, Blogs, Ihrem Newsletter oder Ihren Social-Media-Kanälen empfehlen
- sich untereinander über Gastartikel bekannter machen
- gemeinsam ein Seminar anbieten
- sich gegenseitig verlinken
- wertvolle Kontakte austauschen oder einander wichtige Personen aus Ihrer Branche vorstellen.

Kooperation sorgt für sehr viel mehr positive Gefühle als Konkurrenzdenken und stellt schon aus diesem Gesichtspunkt die bessere Alternative dar. Aber solange Ihre Zielgruppe groß genug ist und Sie mehr als nur einen einzigen direkten Konkurrenten haben, ist eine Kooperation auch strategisch geschickt. Machen Sie dazu das folgende Gedankenexperiment:

Übung

Fünf Coaches, alle mit dem Schwerpunkt Kinder- und Jugendcoaching, beginnen zeitgleich, sich in der gleichen größeren Stadt selbstständig zu machen. Drei dieser Coaches sind konkurrenzorientiert und haben Angst, dass ihnen die anderen die Butter vom Brot nehmen. Zwei

> hingegen denken Win-win, gehen den Weg der Kooperation und spannen eng zusammen. Sie tauschen sich aus, geben einander Erfolgsrezepte weiter, empfehlen sich gegenseitig. Was meinen Sie, wie sich die Gesamtzahl der Klienten nach ein, zwei Jahren unter diesen fünf Coaches aufteilen wird?

Ich wette mit Ihnen, dass die zwei kooperierenden Kollegen deutlich mehr als 40 Prozent der Klienten gewinnen konnten.

Personen, die sich in einem ähnlichen Markt befinden

Besonders hilfreich sind Partner, die der gleichen Zielgruppe etwas anderes oder einer anderen Zielgruppe etwas Ähnliches anbieten.

Eine Kooperation bietet sich an bei

- Verkaufs- und Führungskräftetrainern, die sich beide an KMU der gleichen Branche richten
- zwei Trainerinnen für Führungskräfte, die sich an unterschiedliche Branchen richten
- Webdesigner, Grafikerin, Fotografin und Coach für Selbstständige und Unternehmer.

Sich kollegial zu empfehlen kann passiv geschehen – über einen Link und ein kurzes Profil auf der Webseite des Partners – oder aktiv, zum Beispiel durch ein gegenseitiges Promoten per expliziter Empfehlung, Newsletter oder Facebook. Eine Kooperation kann auch im Verkauf eines ansprechenden Gesamtpakets liegen. So beispielsweise, wenn ein Coach für angehende Selbstständige, ein Webdesigner, eine Fotografin, eine Grafikerin und eine Rechts- und Steuerberaterin ein umfassendes Dienstleistungspaket anbieten, das alle wichtigen Bereiche für Freiberufler und Unternehmer abdeckt. Meldet sich ein neuer Kunde zunächst nur bei einem einzelnen Partner, können sowohl der Kunde als auch der Dienstleister vom bereits vorhandenen Netzwerk profitieren.

Gleichzeitig erhöht diese Art von Kooperation in den Augen Ihrer Kunden Ihre Kompetenz. Sagt mir beispielsweise ein Coach für Selbstständige, ich sollte mich professionell fotografieren lassen und benötigte eine Webseite, habe ich eher das Gefühl, dass er sich wirklich um mich kümmert und kompetent ist, wenn er mir für diese Anliegen gute Adressen empfehlen kann und mir eine mühsame Suche erspart. Wichtig dabei ist: Sie selbst müssen voll und ganz von Ihrem Netzwerk überzeugt sein. Es muss Ihnen darum gehen, Ihren Kunden das bestmögliche Angebot zu verschaffen.

Multiplikatoren

Multiplikatoren oder Vermittler gehören zu den wichtigsten Netzwerkpartnern überhaupt. Es handelt sich dabei um Menschen, die Zugang zu Ihrer Zielgruppe haben und Sie empfehlen können.

Bieten Sie beispielsweise Coaching zum Thema Burn-out an, ist es hilfreich zu wissen, mit wem Ihre potenziellen Klienten in Kontakt kommen. Spricht die Hausärztin die Thematik an? Wendet sich der Betroffene zuerst an den HR-Verantwortlichen seiner Firma? Vielleicht stellen Sie fest, dass Ihre potenziellen Klienten den Weg zu Ihnen leichter finden, wenn die folgenden Personen(kreise) Sie und Ihr Angebot kennen:

- Hausärzte im näheren Umkreis
- die HR-Verantwortlichen größerer Firmen in Ihrem Einzugsgebiet
- Beratungsstellen
- Selbsthilfegruppen.

Menschen in diesen Positionen sind oft froh, wenn sie gute Angebote kennen – schließlich besteht ihre Funktion oft genau darin, ihre Klienten an geeignete Stellen weiter zu verweisen.

Schreiben Sie diese Personen an und legen Sie dem Brief Flyer und Visitenkarten bei. Achten Sie darauf, dass Sie die Couverts von Hand beschriften und vielleicht auch eine Karte von Hand schreiben – so wirkt es nicht wie ein billiger Massenversand. Bieten Sie im Anschreiben an, auf Wunsch gerne zu einem Gespräch vorbeizukommen. Im Normalfall werden Sie keine Antwort auf Ihr Schreiben erhalten. Das heißt nicht, dass Ihre Bemühungen im Sand verlaufen sind. Ärzte beispielsweise werden vielleicht Ihre Visitenkarte archivieren. Sie werden Sie aber im Normalfall nicht anrufen oder zu einem Gespräch einladen – dazu fehlt ihnen die Zeit. Dass Ihr Anschreiben gelesen wurde, stellen Sie meist erst dann fest, wenn der erste Klient sich meldet und Ihnen mitteilt, dass Frau Dr. Ankermann Sie empfohlen habe.

Weitere Multiplikatoren sind beispielsweise Journalisten von Fachmagazinen oder Organisatoren von Seminaren, Weiterbildungen oder Tagungen in Ihrem Bereich. Einige dieser Kontakte sind einfach zu initiieren. Dies gilt vor allem für lokale Partner.

Institutionen, Verbände und Vereine, die Vorträge und Seminare organisieren, sind etwas schwieriger zu erreichen. Diese Veranstalter fragen sich, ob es sich lohnt, Ihnen eine Plattform zu bieten. Je bekannter Sie sind, desto sicherer ist sich der Anbieter, dass sich die Investition in Sie auszahlen wird. Als Neuling haben Sie es schwer, weil die andere Seite unsicher ist, ob sich genügend Zuhörer oder Teilnehmerinnen für Ihren Vortrag oder Ihr Seminar anmelden, um Ihr Honorar, die Raummiete und die Marketingmaßnahmen finanzieren zu können. Solche Kontakte sind jedoch teilweise so wertvoll, dass es sich lohnen kann, Ihr erstes Seminar oder Ihren ersten Vortrag kostenlos anzubieten, um die Unsicherheit des Auftraggebers zu reduzieren.

Sie können auch eine erfolgsabhängige Bezahlung vorschlagen. So haben wir bei einer Non-Profit-Organisation auf das sonst übliche fixe Honorar verzichtet und zwei Drittel des Gewinns als Bezahlung vereinbart. Die Organisation war dankbar für diesen Vorschlag, da immer wieder Seminare mit finanziellen Verlusten durchgeführt wurden. Wir waren schließlich ebenfalls glücklich um diese Regelung, da so viele Personen unser Seminar besuchten, dass unsere Bezahlung deutlich höher ausfiel als das übliche Fixhonorar.

Der Zugang zu Medien ist etwas kniffliger. Dabei gilt: Je renommierter das Medium, je größer die Reichweite, desto schwieriger wird der Kontakt. Als Neuling können Sie vielleicht in einer kleineren, lokalen Zeitung oder beim Lokalsender einen Beitrag erwirken. Um in größeren oder spezialisierten Medien Aufnahme zu finden, benötigen Sie hingegen einen klaren Leistungsausweis. Sie müssen sich – im Normalfall – bereits als Experte für ein Thema positioniert haben, um als Ansprechpartner interessant zu sein. Offener für eine Zusammenarbeit sind Online-Medien, insbesondere Blogs.

Nutzen Sie den Kontakt zu Multiplikatoren, um

- Klienten über direkte Empfehlungen zu gewinnen
- Ihre Bekanntheit in der Zielgruppe zu steigern
- Seminare oder Vorträge für Ihre Zielgruppe anzubieten
- Beiträge in Medien zu platzieren, die für Ihre Zielgruppe interessant sind.

Mentoren

Mentoren sind Personen, die schon dort sind, wo Sie hinmöchten. Diese Menschen können Ihnen viel Wissen weitergeben und Ihnen Zugang zu Ihrer Zielgruppe verschaffen. Diese Vorteile klingen sehr verlockend und führen dazu, dass bekannte Coaches, Trainerinnen und Expertinnen heftig von Mentees, die ihren Rat suchen, umworben werden. Mit plumpen E-Mails werden Sie bei diesen Personen keine Chance haben. Ein Assistent oder eine Sekretärin wird diese umgehend löschen.

Vorüberlegungen zur Kontaktaufnahme

Wie Sie Kontakt aufnehmen sollten, hängt von verschiedenen Faktoren ab.

Was verbindet Sie mit der anderen Person?

Die Kontaktaufnahme gelingt umso leichter, je mehr Sie mit der anderen Person verbindet. Haben Sie die gleiche Ausbildung absolviert? Teilen Sie wichtige Werte? Kommen Sie aus dem gleichen Dorf? Sind Sie im gleichen Berufsverband? All diese Dinge können als Anknüpfungspunkte dienen. Auf der anderen Seite können Ihnen Unterschiede in diesen Bereichen die Kontaktaufnahme zu bestimmten Personen erschweren.

Wir werden beispielsweise regelmäßig von Nachhilfeinstituten mit Affiliate-Marketing-Anfragen angegangen. Als Lerncoaches stehen wir Nachhilfe jedoch sehr skeptisch gegenüber und verzichten daher auf solche Angebote. Das Gleiche gilt für Anbieter von Lernmethoden, die nicht wissenschaftlich fundiert sind und mit überzogenen Versprechen für sich werben. Solche Methoden werden wir auf unserer Webseite nicht vorstellen. Fragen Sie sich daher vor der Kontaktaufnahme, wie gut Sie und die andere Person zusammenpassen und ob es verbindende Punkte gibt, die Sie nennen können.

Kennen Sie sich bereits über Umwege?

Die Kontaktaufnahme fällt leichter, wenn die andere Person Sie bereits kennt oder von Ihnen gehört hat. Haben Sie sich auf einer Messe getroffen und Visitenkarten ausgetauscht? Haben Sie sich bei einer Versammlung des Berufsverbands gesehen und ein paar Worte gewechselt? Haben Sie an einem Seminar teilgenommen, das die andere Person abgehalten hat? Oder haben Sie gemeinsame Bekannte, über die Sie einander bereits indirekt vorgestellt wurden? Wir reagieren anders auf eine E-Mail von einer Person, deren Name uns vertraut vorkommt.

Sie können zum Einstieg auf diesen Erstkontakt zurückkommen:
- Wir haben uns auf der Messe xy über das Thema z ausgetauscht...
- Ich habe Ihr Seminar xy besucht. Besonders inspiriert hat mich ...
- Meine Freundin B. hat mir von Ihnen und Ihrem Projekt erzählt ...

Welchen Status und Bekanntheitsgrad haben Sie und Ihr Gesprächspartner?

Manche Menschen ärgern sich ein wenig über diesen Punkt, schließlich ist jeder Mensch gleich wertvoll. Dies gilt aber nicht für den Wert als Kooperationspartner. Wenn Sie wissen, was die Kontaktaufnahme zu bekannten Coaches, Trainern und Expertinnen erschwert und was Sie beachten müssen, haben Sie bessere Karten.

1. Es ist bei einem größeren Gefälle bezüglich Status und Bekanntheit schwierig, eine faire Austauschbeziehung und damit eine Win-win-Situation zu erreichen. Nehmen wir den Vorschlag, die Webseite des anderen im eigenen Newsletter vorzustellen: Wenn beide Personen ca. 2000 Abonnenten haben, ergibt dies für beide Parteien Sinn. Hat Person A 50000 Abonnenten und Person B 200, ist der Vorschlag für Person A alles andere als attraktiv. Die Person mit 50000 Abonnen-

ten hat vermutlich Tausende von Arbeitsstunden und Zehntausende von Euro investiert, um sich ihre Leserschaft aufzubauen. Sie wird diese nicht vergraulen wollen, indem sie alle paar Tage E-Mails versendet, um auf die Angebote anderer hinzuweisen. Je größer der Statusunterschied ist, desto mehr Denkarbeit müssen Sie investieren, um einen Vorschlag zu unterbreiten, der auch für die andere Seite eine Win-win-Situation darstellt.

2. Bekannte Personen sind bei Kontaktanfragen misstrauisch – und zwar zu Recht. Ich habe vorhin die Nachhilfeinstitute und Anbieter von – aus meiner Sicht – eher zweifelhaften Lernmethoden erwähnt. Die meisten dieser Anbieter interessieren sich kein bisschen für unsere Inhalte und uns als Personen. Der einzige Grund für die Kontaktaufnahme ist unsere Google-Platzierung und die Prominenz unserer Facebook-Seite. Wenn Sie zu bekannten Persönlichkeiten Kontakt aufbauen möchten, müssen Sie zeigen, dass Sie nicht nur Profiteur sind, sondern sich tatsächlich für die Arbeit der anderen Person interessieren und sie dabei unterstützen möchten.
3. Bekannte Personen werden mit Informationen und Anfragen überflutet und müssen aus Zeitgründen eine strenge Selektion vornehmen, andernfalls wären sie die gesamte Zeit nur mit ihrem E-Mail-Postfach beschäftigt. Überlegen Sie, wie Sie diese Filter passieren können.

Networking in action – Bauen Sie Ihr Netzwerk aus

Kommen wir zum praktischen Teil: Bauen Sie ganz gezielt ihr Netzwerk aus. Lassen Sie uns dabei die weiter oben beschriebenen Typen von Netzwerken wieder aufgreifen und uns Gedanken darüber machen, wie Sie diese Personengruppen am besten erreichen können.

Übung

Initiieren Sie eine Intervisionsgruppe

Starten Sie mit einer Intervisionsgruppe zum Thema Marketing oder Geschäftsaufbau. Nennen Sie hier zwei bis drei Trainerinnen oder Coaches, die sich beruflich in einer ähnlichen Situation befinden wie Sie und mit denen Sie sich gerne über Fragen zum Thema Marketing austauschen möchten. Ideal ist es, wenn Sie Personen finden, die bereit sind, sich einmal pro Monat mit Ihnen zu treffen, um gemeinsam Ziele zu fixieren, nächste Schritte zu planen und sich gegenseitig zu motivieren.

Mit diesen Personen würde ich mich gerne regelmäßig treffen:

- ______________________________
- ______________________________
- ______________________________
- ______________________________

Diese Personen sollten leicht zu erreichen sein. Greifen Sie zum Hörer oder schreiben Sie eine E-Mail und teilen Sie der anderen Person Ihren Wunsch mit.

Übung

Machen Sie sich Gedanken zu den folgenden Fragen:

Welche wichtigen Ziele, die Sie verfolgen, lassen sich evtl. besser mit der richtigen Partnerin erreichen (Klienten gewinnen, ein bestimmtes Produkt herstellen, eine Weiterbildung anbieten etc.)?

- ______________________________
- ______________________________
- ______________________________

Gibt es Personen, mit denen Sie gerne enger zusammenarbeiten möchten? Schreiben Sie die Namen von potenziellen Partnern auf:

- ____________________
- ____________________
- ____________________

Welche Formen der Zusammenarbeit würden Ihnen liegen (gemeinsame Firma, Praxisgemeinschaft, geteilter Internetauftritt, umfassende Dienstleistung)?

- ____________________
- ____________________
- ____________________

Welche Rolle liegt Ihnen bei einer Partnerschaft? Sehen Sie sich in einer Leitungsfunktion oder als gleichberechtigter Partner?

- ____________________
- ____________________
- ____________________

Beim Aufbau eines solchen Netzwerks ist es hilfreich, die Kontaktaufnahme nicht zu überstürzen. Machen Sie sich Gedanken über mögliche Ziele, Partner und Formen der Zusammenarbeit. Überlegen Sie auch, welche Risiken eine solche Partnerschaft mit sich bringen könnte und wie sich diese minimieren lassen.

Nehmen Sie erst dann Kontakt auf und achten Sie darauf, dass Sie nicht gleich mit der Tür ins Haus fallen. Sie sind vielleicht nach einem längeren Prozess des Abwägens restlos begeistert von Ihrer Idee und können es kaum erwarten, der anderen Person Ihre Pläne mitzuteilen. Doch auch Ihr Gegenüber braucht Zeit, um sich Gedanken zu machen.

Bauen Sie ein Netz von Vermittlern auf

Ein Netz geeigneter Vermittlerinnen kann Sie mit einem steten Strom neuer Kundinnen oder Klienten versorgen.

Vermittler können

- dafür sorgen, dass Ihr Angebot gebucht wird (z. B. Personalverantwortliche, die Trainings für Mitarbeiter einkaufen, Seminaranbieter, Veranstalter)
- Ihr Angebot ihren Klienten direkt empfehlen (z. B. Ärzte)
- ihren Einfluss in Ihrer Branche nutzen, um Sie zu unterstützen (z. B. Redakteure wichtiger Zeitschriften Ihrer Branche, bekannte Blogger, Verantwortliche in Organisationen).

Es gibt verschiedene Möglichkeiten, mit diesen Personen in Kontakt zu treten. Einige können Sie direkt kontaktieren, indem Sie beispielsweise Personalverantwortliche anrufen. Oder Sie nehmen schriftlich Kontakt auf per E-Mail oder Post. Dem Anschreiben können Sie Ihr Trainerprofil, einen Flyer oder einen Pressebericht beilegen.

Gleichgültig, für welche Art der Kontaktaufnahme Sie sich entscheiden: Achten Sie darauf, dass Sie möglichst rasch auf den Punkt kommen und das Gegenüber darüber informieren, auf welches Problem Sie spezialisiert sind, was Sie für dessen Lösung qualifiziert und welche Referenzen Sie vorweisen können. Falls Sie über spezifische Branchenkenntnisse verfügen, ist dies ein großer Vorteil.

Nehmen Sie Kontakt zu möglichen Mentoren auf

Obwohl bekanntere Autorinnen, Coaches und Speaker oft um „Kooperationen“ gebeten werden, gibt es relativ wenige Personen, die sich ernsthaft um eine Beziehung bemühen. Die meisten arbeiten nach dem Prinzip „Mehr ist mehr“ und verschicken Serienmails an jedes bekannte Gesicht. Es fällt wohltuend auf, wenn jemand anders vorgeht, unter Facebook- und insbesondere Blog-Beiträge kluge Kommentare schreibt, Beiträge teilt oder eine kundige Rezension auf Amazon verfasst.

Dies wurde mir vor einigen Jahren bewusst. Als eine Seminarteilnehmerin fragte, welche Bücher ich zum Thema Lernen empfehlen könne, beschloss ich, eine Literaturliste zusammenzustellen. Ich erstellte für meine Webseite eine Liste mit empfehlenswerten Büchern und schrieb zu jedem eine Rezension. Diese Rezensionen stellte ich ebenfalls auf Amazon. Nachdem ich zwölf Rezensionen unter meinem vollen Namen geschrieben hatte, meldeten sich drei Autoren bei mir und bedankten sich! Mit zweien ergab sich ein intensiver Austausch, der bis heute andauert.

Indem Sie Interesse für die Arbeit der anderen Person zeigen und deren Arbeit bereichern oder weiterverbreiten, schlagen Sie mehrere Fliegen mit einer Klappe: Wenn Sie beispielsweise mehrmals interessante und hilfreiche Kommentare unter Blog-Beiträge einer Expertin schreiben, lernen die Leser dieses Blogs Sie kennen und besuchen Ihre Webseite. Gleichzeitig freut sich die Expertin, dass Sie ihren Blog um sinnvolle Beiträge erweitern, und kann anhand der Kommentare erkennen, dass Sie sich im Themengebiet auskennen. Erhält sie schließlich von Ihnen eine Anfrage für einen Gastbeitrag, weiß sie, dass Sie ihr keine oberflächliche Eigenwerbung und keinen unpassenden Text schicken werden. Sie wird daher eher geneigt sein, zuzustimmen. Vielleicht kommt sie sogar von sich aus auf Sie zu.

Übung

Schreiben Sie hier die Personen auf, mit denen Sie langfristig gerne in Kontakt kommen möchten:

1. ______________________________

2. ______________________________

3. ______________________________

Stellen Sie Überlegungen an zur Kontaktaufnahme mit diesen Personen: Wie kann ich auf mich aufmerksam machen, ohne aufdringlich zu wirken?

Wie kann ich die Arbeit dieser Person bereichern und mein Interesse signalisieren?
Wann ist der richtige Zeitpunkt für eine Kontaktaufnahme?
Welches Ziel verfolge ich mit der ersten Kontaktaufnahme?

Vorträge: Ich soll auf die Bühne?

Vorträge sind generell eine der besten Möglichkeiten, um als Coach, Trainerin oder Expertin sichtbar zu werden. Ein Vortrag erlaubt es potenziellen Kunden, sich ein Bild von Ihnen zu machen. Klienten können Sie und Ihr Angebot in kürzester Zeit kennenlernen, Vertrauen zu Ihnen aufbauen und abschätzen, ob Ihr Angebot nützlich ist. Zusätzlich ist es eine der wenigen Marketingmöglichkeiten, für die Sie bezahlt werden!

In diesem Kapitel möchte ich Ihnen einige Hinweise geben, wie Sie
- dafür sorgen können, dass Sie als Referent gebucht werden
- einen guten Vortrag vorbereiten
- einen bleibenden Eindruck hinterlassen
- und mit dem Publikum in Kontakt bleiben.

Machen Sie es Veranstaltern einfach, Sie zu finden

Kleinere, lokale Veranstalter, die sich keine bekannten Spitzenredner leisten können, suchen meist im Internet nach geeigneten Referenten. Achten Sie darauf, dass Sie über die Internetsuche leicht gefunden werden. Stellen Sie dazu Ihre Vorträge auf Ihrer Webseite vor – mit einem aussagekräftigen Titel, der die wichtigsten Suchbegriffe enthält, sowie einer Beschreibung der Kerninhalte. Auch hier gilt: Beschränken Sie sich. Wir bieten jeweils nur drei Vorträge an, die wir auf unserer Webseite einzeln beschreiben. Wenn uns ein Thema zu langweilen beginnt, ersetzen wir es durch einen anderen Vortrag.

Geben Sie dem Veranstalter Sicherheit

Veranstalter gehen mit der Einladung eines Referenten ein Risiko ein. Ein schlechter Redner kann für die Organisation Unannehmlichkeiten mit sich bringen oder sogar ernsthafte Konsequenzen haben. Eine Vorsitzende eines Elternverbands, die ich auf ihre Nervosität ansprach, meinte dazu: „Wir hatten vor Ihnen zwei Referenten, die komplett am Publikum vorbeigeredet haben. Wenn der Vortrag heute wieder schlecht wird, werden wir in Zukunft kein Publikum mehr haben." Um als Redner gebucht zu werden, muss es Ihnen gelingen, diese Unsicherheit zu reduzieren.

Beginnen Sie mit einer klaren Beschreibung Ihrer Vorträge. Die folgende Ausschreibung führt dazu, dass unser Vortrag „Mit Kindern lernen" regelmäßig gebucht wird:

Vortrag „Mit Kindern lernen"

Eltern und Lehrkräfte wünschen sich, dass Kinder eine glückliche Schulzeit erleben. Sie möchten, dass Kinder das Lernen als etwas Sinnvolles und Schönes begreifen, im Unterricht gut mitarbeiten und die Hausaufgaben selbstständig erledigen.
In einem spannenden, lehrreichen und manchmal sogar witzigen Vortrag erklären wir, wie diese positive Entwicklung angestoßen werden kann. Dabei orientieren wir uns an der aktuellen Forschung und geben praxisnahe Antworten auf die folgenden Fragen:

- Wie kann ich mein Kind für das Lernen und die Hausaufgaben motivieren?
- Wie kann ich mein Kind zu mehr Selbstständigkeit anleiten?
- Welche Lernstrategien sind für Grundschüler sinnvoll?
- Wie kann ich Hausaufgabenkämpfe reduzieren?
- Was kann ich dazu beitragen, dass mein Kind gerne liest?

Eltern und Lehrkräfte von Grundschülern erhalten konkrete Tipps, die Sie gleich im Alltag umsetzen können. Fragen aus dem Publikum sind während des ganzen Vortrags willkommen.
Die Kosten für einen Vortrag von 90 Minuten belaufen sich auf 600 EUR (Vorbereitung, Anreise und Reisespesen sind im Preis inbegriffen).

Es werden folgende Materialien benötigt: Beamer, Lautsprecherboxen, Flipchart & Stifte. Bei größerem Publikum ab 100 Personen freuen wir uns über eine Mikrofonanlage.
Ein Beispiel für einen Flyer zum Vortrag finden Sie **hier** zum Download. Sie können diesen gerne so übernehmen oder an Ihre Wünsche anpassen.

Da unsere Zielgruppe Eltern sind, haben Veranstalter meist Angst, dass wir einen abgehobenen, theoretischen Vortrag halten. Dem begegnen wir, indem wir unterstreichen, dass wir praxisnahe Antworten auf konkrete Fragen geben. Die Kosten geben wir gleich in der Ausschreibung an, damit der Veranstalter alle wichtigen Informationen hat und uns nicht extra anrufen muss, um nach dem Preis zu fragen.

Die letzten beiden Abschnitte der Beschreibung verdeutlichen dem Veranstalter, dass wir den Vortrag nicht zum ersten Mal halten, sondern Profis sind. Der letzte Absatz bietet die Möglichkeit, einen Flyer herunterzuladen, und stellt einen besonderen Service dar. Häufig sind es Elternvereine, die uns buchen. Diese sind meist keine Profis, was die Gestaltung von Flyern anbelangt. Einerseits hilft der Flyer uns und dem Veranstalter, für ein volles Haus zu sorgen – auf der anderen Seite nehmen wir dem Kunden eine mühsame Aufgabe ab und können verhindern, dass Inhalte auf das Programm gesetzt werden, die uns nicht entsprechen.

Vergleichen Sie nun diese Ausschreibung mit einem Text, wie er sich auf vielen Webseiten von Coaches finden lässt:

Vorträge

Ich halte Vorträge zu den Themen Lernen und Lernprobleme, Prüfungsangst, Resilienz, Motivation, Umgang mit Medien, Mobbing, Pubertät etc.

Konditionen auf Anfrage.

Diese Beschreibung ist nicht wirklich attraktiv, oder?

Sobald Sie erste Vorträge halten, können Sie für noch mehr Sicherheit aufseiten des Veranstalters sorgen, indem Sie

- Referenzen angeben
- potenzielle Veranstalter aktiv zu einem Vortrag in der Nähe einladen
- Ihren Vortrag auf Video aufnehmen und ganz oder teilweise auf YouTube stellen und in Ihre Webseite einbinden.

Denken Sie zurück an das Beispiel mit dem Autoverkäufer: Wir geben dem Veranstalter die Möglichkeit, Probe zu fahren. Dadurch sind wir schlicht die sicherere Option als jemand, auf dessen Webseite sinngemäß steht: Autos: verschiedene Modelle, verschiedene Farben, Preise auf Anfrage.

Wie Sie anhand des Beispiels erkennen, müssen Sie nicht dick auftragen oder Marketingtricks benutzen. Sie brauchen lediglich zu sagen, was Sie tun, was das Publikum mitnehmen wird, und zu verstehen geben, dass Ihre Leistung bezüglich Qualität im grünen Bereich sein wird.

Machen Sie Ihren Vortrag zu einem Erlebnis

Wenn Sie über Ihren Vortrag als Coach oder Trainer gebucht werden möchten, darf er sich nicht anhören wie eine angestaubte Vorlesung an der Uni. Sie brauchen kein großartiger Redner zu sein, aber Sie müssen sich in Ihr Publikum einfühlen. Viele Referenten kleben am Thema, sie suchen Informationen zusammen und verdichten diese zu Folien. Während ihrer Vorbereitung vergessen sie das Publikum.

Beginnen Sie die Vorbereitung immer mit den Menschen, die Ihnen zuhören werden. Fragen Sie sich:

- Was interessiert mein Publikum besonders?
- Welche Fragen stellen sich meine Zuhörer?
- Welchen Nutzen erhoffen sie sich von meinem Vortrag?

Die folgende Vorlage hilft Ihnen bei der Vorbereitung eines Vortrags. Lesen Sie sich in das Thema ein, beantworten Sie die Fragen und beginnen Sie erst dann mit der konkreten Vorbereitung der Präsentation.

Wer ist mein Publikum?

____

Weshalb besucht das Publikum den Vortrag?

____

Welche Kernbotschaften will ich vermitteln?

1. ____

2. ____

3. ____

Welches ist mein wichtigstes Versprechen? Was ist der Hauptnutzen, den ich mit meinem Vortrag bieten werde?

____

Was soll das Publikum nach dem Vortrag

... wissen?

____

____

____

... fühlen?

____

____

… können?

____

____

____

____

… tun?

____

____

____

Mit welchen Geschichten kann ich meine Kernbotschaften illustrieren?

____

____

____

____

Vielleicht empfinden Sie es als komisch, ja sogar etwas übergriffig, sich so viele Gedanken über das Publikum zu machen und sich sogar zu überlegen, was die Zuhörer nach dem Vortrag denken, fühlen und tun sollen. Aber Ihre Präsentation wird spannender und nützlicher, wenn Sie ein klares Anliegen verfolgen, Stellung beziehen und als Person sichtbar werden, anstatt sich hinter Zahlen, Tabellen und Bullet-Points zu verstecken. Das wird sofort klar, wenn wir uns beispielsweise anschauen, wie die Planung eines Seminars zum Thema Mobbing an einer Schule aussehen könnte:

Wer ist mein Publikum?

- Lehrkräfte an einer Grundschule

Weshalb besucht das Publikum diesen Workshop?

- Es handelt sich um eine schulinterne Weiterbildung. Es ist eine Pflichtveranstaltung, an der die Lehrpersonen teilnehmen müssen.

Welche Kernbotschaften will ich vermitteln?

1. Mobbing findet an jeder Schule statt.
2. Gute Schulen zeichnen sich dadurch aus, dass sie Mobbing früh erkennen und wissen, wie sie darauf reagieren können.
3. Sie als Lehrkraft dürfen bei Mobbing nicht wegschauen!
4. Sie sind fähig, eine Mobbing-Situation aufzulösen, wenn Sie früh genug eingreifen und auf einen bewährten Ansatz zurückgreifen.

Welches ist mein wichtigstes Versprechen? Was ist der Hauptnutzen, den ich mit meinem Workshop biete?

- Jedes Kind hat ein Recht darauf, ohne Angst zur Schule zu gehen. Nach diesem Seminar werden Sie besser in der Lage sein, Mobbing zu erkennen, und Sie werden wissen, wie Sie wirksam eingreifen können. Damit wird die Schule für Sie, die Klasse und insbesondere für betroffene Schülerinnen und Schüler zu einem besseren Ort. (Testfrage: Lohnt es sich, dafür einen Tag zu investieren?)

Was soll das Publikum nach dem Vortrag …

… wissen?

- wichtigste Fakten über Mobbing
- verstehen, dass Mobbing die gesamte Klasse betrifft und nicht nur „Täter“ und „Opfer“
- wissen, wie man Mobbing erkennt
- verstanden haben, dass sich das gemobbte Kind nicht selbst aus dieser Situation befreien kann

... fühlen?

- Betroffenheit: nachfühlen können, dass Mobbing keine Bagatelle ist und für Betroffene ernsthafte Folgen haben kann
- Gefühl der Verantwortung: erkennen, dass man als Lehrkraft intervenieren muss, wenn ein Kind in der Klasse gemobbt wird
- Gefühl der Selbstwirksamkeit: sich in der Lage fühlen, wirksam zu helfen. Gefühl der eigenen Ohnmacht soll reduziert werden.

... können?

- eine Lektion zur Prävention von Mobbing durchführen können
- ein Gespräch mit dem von Mobbing betroffenen Kind führen können
- wissen, wie man mithilfe des No-Blame-Ansatzes eine Mobbing-Situation auflösen kann, und die wichtigsten Punkte einmal geübt haben.

... tun?

- genauer hinschauen, wenn Anzeichen von Mobbing da sind
- früh intervenieren, bevor sich feste Konstellationen bilden
- das Buch *No Blame Approach* von Heike Blum und Detlef Beck (2016) lesen.

Mit welchen Geschichten kann ich meine Kernbotschaften illustrieren?

- Kurzfilme zum Thema Mobbing der Serie „Gemeinsam sind wir klasse“
- persönliches Erlebnis an der Grundschule X mit Schüler Y
- Arbeit mit eigenen Geschichten der anwesenden Lehrkräfte.

Aufgrund dieser Vorüberlegungen kann ich entscheiden, welche Informationen, Beispiele und Übungen diesen Zweck erfüllen.

Es liegt bei den Teilnehmern, ob sie Ihre Botschaft annehmen, ob sie mitschwingen, wenn Sie eine Geschichte erzählen, und ob sie Ihrer Argumentation folgen. Aber Sie sollten wissen, was Sie wollen, und sich mit Ihren Ansichten und Lösungen einbringen.

Mit wenig Aufwand zu besseren Vorträgen

Mithilfe einiger weniger Kniffe können Sie Ihre Vorträge wesentlich verbessern.

Achten Sie auf einen guten Start

Der Vortrag beginnt, bevor Sie etwas sagen: Wie Sie vorgestellt werden, bestimmt bereits, in welcher Stimmung das Publikum ist, wenn Sie den Mund aufmachen. Das Schlimmste, was Ihnen passieren kann, ist eine Ankündigung, bei der jemand Ihren halben Lebenslauf schildert, während die ersten Zuhörer anfangen, auf den Stühlen hin und her zu rutschen und auf ihr Handy zu sehen. Das können Sie verhindern, indem Sie in Ihrer E-Mail eine kurze Vita mitschicken.

Nach der kurzen Einführung kann es losgehen. In den ersten, entscheidenden Minuten dürfen Sie das Publikum nicht langweilen. Anders als bei einem Seminar, bei dem es Sinn ergibt, einen kurzen Überblick über den Tag zu geben, sollten Sie einen Vortrag nicht auf diese Weise beginnen. Schauen Sie sich einige Vorträge von guten Rednern auf YouTube an. Keiner wird nach vorne kommen, eine Power-Point-Folie mit dem Titel „Inhalt" auflegen und dann sagen: „Nach einer kurzen Einleitung in das Thema werde ich zuerst einen Überblick über …"

Starten Sie mit einer Geschichte, einem persönlichen Erlebnis oder einer Frage – mit irgendetwas, bei dem Ihr Publikum sich nicht an einen braven und langweiligen Schul- oder Univortrag erinnert fühlt. Falls Sie sich mit einer Geschichte oder Anekdote unwohl fühlen: Sagen Sie, warum Sie hier sind. Sprechen Sie nicht davon, was Sie tun werden, sondern, was das Publikum davon haben wird:

- Wenn Sie heute Abend nach Hause gehen, werden Sie wissen, wie Sie …
- Nach dem Vortrag wird es Ihnen leichter fallen …
- Sie werden drei nützliche Werkzeuge kennenlernen, um …

Stellen Sie sich vor, Ihre Zuhörer dürften sich nach den ersten fünf Minuten entscheiden, ob sie bleiben oder gehen wollen. Was können Sie tun und sagen, damit sie in freudiger Erwartung sitzen bleiben?

Sprechen Sie Ihr Publikum direkt an

Gute Redner zeichnen sich dadurch aus, dass es ihnen gelingt, das Publikum anzusprechen. Dazu müssen Sie lediglich das Wort „Sie“ benutzen. Zum Beispiel in Form von Sätzen wie:

- Dazu möchte ich Ihnen eine Geschichte erzählen ...
- Sie werden überrascht sein, wie ...
- In den nächsten 90 Minuten werden Sie erfahren ...
- Vielleicht geht es Ihnen ähnlich wie Herrn x, der ...
- Fragen Sie sich manchmal ...?

Alternative Formulierungen lauten:

- Welche Form von Anerkennung würden Sie bevorzugen? Wer ist für A (Hände hoch), wer für B (Hände hoch)?
- Die Forscherin untersuchte, ob ... – was würden Sie als Ergebnis vermuten? Die Studie zeigte etwas ganz anderes, was ich ebenfalls nicht erwartet hätte. Also ...
- Müde? Stehen Sie auf, wir machen eine kurze Bewegungsübung!

Sorgen Sie für einen guten Schluss

Sehr häufig enden Vorträge mit dem Satz: „Gibt es noch Fragen?“ Das ist schade, denn Anfang und Ende eines Vortrags bleibt dem Publikum am besten in Erinnerung. Deswegen sollten Sie die letzten Minuten nutzen, um auf Ihre Kernbotschaft zurückzukommen oder einen besonders wichtigen Punkt hervorzuheben. Sie können diesen Moment auch verwenden, um eine Anekdote oder Geschichte zu erzählen, die den Zuhörern dabei hilft, Wichtiges zu verinnerlichen. Die Möglichkeit, Fragen zu stellen, sollten Sie anderswo unterbringen. Es geht Ihnen viel verloren, wenn Sie den Vortrag mit der Beantwortung einer nebensächlichen oder vielleicht sogar komischen oder unpassenden Frage abschließen.

Bleiben Sie in Kontakt

Wie ich im Kapitel zur Spezialisierung bereits beschrieben habe, sollten Sie Vorträge nutzen, um mit dem Publikum in Kontakt zu bleiben. Dazu reicht ein Satz wie: „Gerne sende ich Ihnen die Folien/ein Handout per E-

Mail zu. Sie können mir dazu gerne Ihre E-Mail-Adresse auf diesen Block schreiben."

Vorträge nützen Ihnen als Marketinginstrument deutlich mehr, wenn Ihre Zuhörer danach Ihre Webseite besuchen können. Worauf Sie dabei achten sollten, damit diese überzeugt, erfahren Sie im folgenden Kapitel.

Webseite, soziale Medien & Co. – Wie nutze ich das Internet?

Wer sich mit Internetmarketing beschäftigt, fühlt sich rasch erschlagen. Neben einer eigenen Webseite soll man einen Facebook-Kanal pflegen, sich über LinkedIn mit anderen vernetzen, Videos über YouTube einbinden, einen Newsletter versenden, einen Online-Kurs erstellen und vermarkten, sich in Suchmaschinen-Optimierung auskennen und Webinare abhalten. Ich kenne viele Coaches und Trainerinnen, die mit einer schlichten Webseite genügend Anfragen generieren können. Meist schalten sie zusätzlich Google-Werbung, um etwas mehr Besucher auf die Webseite zu leiten. Kümmern Sie sich zunächst nur darum, eine Webseite zu erstellen, aus der klar hervorgeht, wer Sie sind, was Sie anbieten und wer Ihre Kunden sind.

Meine erste Webseite: Wie gehe ich vor?

Im Laufe der letzten Jahre ist es durch Bausatzsysteme immer einfacher geworden, Webseiten zu erstellen – sodass mittlerweile sogar Laien dazu in der Lage sind. Ich würde Ihnen jedoch davon abraten, Ihre Homepage selbst zu erstellen. Ein erfahrener Webdesigner wird mit Ihnen gemeinsam eine Webseite designen können, die Ihnen optisch mehr entspricht und wahrscheinlich über Suchmaschinen besser gefunden wird.

Ihre Webseite ist Ihr wichtigstes Marketinginstrument. Wenn Sie hier sparen, steht Ihr ganzes Marketing auf wackeligen Beinen. Ich bin daher immer wieder erstaunt, wenn Selbständige etwas sagen wie: „Meine Nichte muss für ein Projekt an ihrer Schule eine Webseite gestalten: Da kann sie doch gleich meine erstellen!“ Dazu kann ich nur sagen: „Wenn

Sie Ihren Beruf nicht ernst nehmen, werden es Ihre Kunden auch nicht tun. Es geht hier nicht um eine Webseite, auf der Sie Ihre Modelleisenbahn vorstellen."

So suchen Sie eine Webdesignerin

Es gibt mehrere Möglichkeiten, eine gute Webdesignerin zu finden. Holen Sie Empfehlungen ein: Gibt es in Ihrem Bekanntenkreis andere Selbstständige, deren Webseite Sie besonders ansprechend finden? Fragen Sie nach, wer sie erstellt hat. Geben Sie alternativ bei einer Suchmaschine einen Begriff wie „Webdesign München" ein und schauen Sie sich die Resultate an. Nun haben Sie die Qual der Wahl. Folgende Punkte können Ihnen als Entscheidungshilfe dienen:

Wie groß ist der Anbieter?
Ich würde Ihnen raten, sich ein eher kleines Unternehmen zu suchen. Große Agenturen nehmen Aufträge unter einem bestimmten Budget oft gar nicht an oder behandeln diese zweitranging. Sie möchten jedoch mit der Webdesignerin sprechen, mit ihr gemeinsam Ideen entwickeln und ihr Fragen stellen können.

Welches CMS nutzt der Anbieter?
Ein CMS ist ein Content-Management-System – also ein System, mit dessen Hilfe Sie später die Inhalte Ihrer Webseite verwalten können. Es ermöglicht Ihnen, selbst Texte zu schreiben, Videos einzubinden oder Bilder einzufügen. Einige CMS sind *open source* – das heißt, dass diese Software kostenlos der Allgemeinheit zur Verfügung steht. Dies bietet den großen Vorteil, dass Sie sich nicht von einer Firma abhängig machen. Dadurch sinkt die Wahrscheinlichkeit, dass das CMS plötzlich nicht mehr weiterentwickelt wird, weil beispielsweise die Firma pleitegeht. Zudem arbeiten viele Webdesigner mit CMS, die frei verfügbar sind. Sie können daher, wenn Ihnen Ihr Webmaster nicht mehr gefällt, mit Ihrer Webseite zu einer anderen Firma gehen und sich dort weiterhelfen lassen.

Achten Sie darauf, dass Ihre Webdesignerin mit einem bekannten *open source* CMS arbeitet. Fast alle Webdesigner nutzen heute WordPress. Falls Ihnen Ihre Webdesignerin etwas anderes vorschlägt, sollten sie vorher im Internet einige Informationen darüber einholen, bevor Sie zustimmen.

Welche Projekte hat die Webdesignerin bisher umgesetzt?
Webdesigner listen meist Referenzprojekte auf. Schauen Sie sich diese Webseiten an: Was spricht Sie an? Gehen Sie die Referenzen durch: Finden sich darunter welche, die Ihnen optisch gefallen? Findet man sich auf diesen Seiten gut zurecht? Sehen diese sowohl auf dem PC als auch auf dem Tablet oder Handy gut aus?

So arbeiten Sie mit der Webdesignerin zusammen
Ein guter Webdesigner wird Ihnen durch geeignete Fragen, Erklärungen und Beispiele dabei helfen, eine Webseite zu entwickeln, die zu Ihnen passt. Sie können ihn dabei unterstützen, indem Sie sich ein wenig vorbereiten.

Wie soll Ihre Webseite aussehen?

Sowohl für Sie als auch Ihre Webdesignerin ist es hilfreich, wenn Sie sich im Vorfeld einige Gedanken zur Optik machen. Am einfachsten gelingt dies, wenn Sie sich die Webseiten von anderen Coaches, Trainerinnen oder Experten anschauen und sich Ihre Favoriten notieren. Aussagen der folgenden Art helfen der Webdesignerin weiter:

- „Die Farben dieser Webseite sprechen mich an."
- „Bei dieser Homepage gefällt mir der Aufbau."
- „Bei dieser hier finde ich das Auswahlmenü übersichtlich."

Die Webdesignerin wird Ihnen aufgrund dieser Aussagen weitere Beispiele zeigen können. So nähern Sie sich Schritt für Schritt einer gemeinsamen Vorstellung an.

Was soll auf Ihrer Webseite im Vordergrund stehen?

Einige Webseiten sind ganz um die Person des Coachs oder der Trainerin aufgebaut. Große Bilder in verschiedenen Posen vermitteln dabei ein Bild der jeweiligen Person. Diese Webseiten sind meist nach der jeweiligen Rednerin oder Trainerin benannt. Andere Seiten setzen das Thema oder die Zielgruppe ins Zentrum.

Entscheiden Sie für sich, welchem Ziel Ihre Webseite dienen soll. Soll sie insbesondere Sie als Person sowie Ihre Angebote vorstellen? Oder soll sie zu einer Anlaufstelle für Personen werden, die sich für ein bestimmtes Thema interessieren?

Was muss Ihre Webseite können?

Besprechen Sie gemeinsam mit der Webdesignerin, was Ihre Webseite können soll. Viele Coaches und Trainer haben ansprechende, schlichte Webseiten mit wenig Text. Diese geben Auskunft über die Person, die Philosophie, die Ausbildung und die Angebote des jeweiligen Coachs. Dazu reicht eine einfache Struktur mit einem Hauptmenü und einigen wenigen Rubriken aus (z.B. Startseite/Angebote/Über mich/Vorgehen/Praxis und Anfahrt/Kontakt).

Falls Sie Ihre Webseite später dazu nutzen möchten, regelmäßig neue Artikel zu veröffentlichen und sich so einen Expertenstatus aufzubauen, sollten Sie dies im Vorfeld bedenken.

Viele Experten haben einen Blog. Bei dieser besonderen Form von Webseite wird auf der Startseite (oder einer bestimmten Rubrik) jeweils der neueste Artikel zuoberst angezeigt. Möchten Sie mit der Zeit sehr viel Text auf der Webseite unterbringen, sollten Sie sich bereits zu Beginn gemeinsam mit der Webdesignerin Gedanken darüber machen, wie Sie die Artikel sortieren möchten. Auf komplexeren Seiten finden sich beispielsweise oft aufklappbare Menüs, die sich beliebig erweitern lassen.

Über welche Suchbegriffe soll Ihre Webseite gefunden werden?

Es ist hilfreich, wenn Sie bereits im Vorfeld überlegen, unter welchen Suchbegriffen Sie später gefunden werden möchten. Ihre Webdesignerin kann dadurch bereits beim Erstellen der Seite auf wichtige Punkte Rücksicht nehmen.

Für unsere Weiterbildung in Lerncoaching haben wir eine separate Webseite erstellt. Wir haben uns gemeinsam mit unserem Webmaster überlegt, was wir tun können, damit diese bei Suchmaschinen möglichst weit oben angezeigt wird, wenn jemand die Begriffe

„Weiterbildung Lerncoaching“, „Fortbildung Lerncoaching“ oder lediglich „Lerncoaching“ z. B. bei Google eingibt.
Über einige wenige Punkte ist uns dies gut gelungen. Geben Sie in der Schweiz diese Suchbegriffe bei einer Suchmaschine ein, finden Sie unsere Webseite meist zuoberst. Wir haben dabei auf Folgendes geachtet:

- Die URL weist bereits auf das Thema hin: www.weiterbildung-lerncoaching.ch
- Die Seite trägt den Titel „Weiterbildung Lerncoaching“
- Die Seitenbeschreibung, die bei Google angezeigt wird, lautet: „Erfahren Sie mehr über unsere Weiterbildung in Lerncoaching in Zürich“ (Ihr Webmaster kann Ihnen zeigen, wo Sie diese Beschreibung einfügen können)

Und so sieht unsere Seite beispielsweise über die Google-Suche aus:

Weiterbildung Lerncoaching
weiterbildung-lerncoaching.ch/ ▾
Erfahren Sie mehr über unsere **Weiterbildung** in **Lerncoaching** in Zürich.

Im Weiteren haben wir darauf geachtet, die Begriffe auch in den Titeln und Texten auf der Seite zu verwenden und von unseren anderen beiden Webseiten Links auf diese Seite zu setzen.

Lassen Sie sich nicht verunsichern, wenn Sie von dem ganzen „Technik-Kram“ keine Ahnung haben. Ein guter Webmaster wird die Webseite Schritt für Schritt mit Ihnen gemeinsam erstellen. Sagen Sie ihm einfach zu Beginn, dass Sie kein Vorwissen mitbringen und sich entsprechend unsicher fühlen. Sie werden bereits am Telefon bemerken, ob er sich darauf einlassen kann und entsprechend die richtige Person ist oder nicht.

Wie überzeugt die Webseite Ihre Klienten?

Ihre Webseite steht und gefällt Ihnen optisch? Wunderbar! Nun benötigen Sie überzeugende Texte, um Ihre potenziellen Klienten anzusprechen. Dabei geht es nicht in erster Linie darum, dass Sie gut schreiben können, sondern dass Sie Ihre Klienten kennen und sie bei ihren Fragen, Problemen und Wünschen abholen.

Die Startseite

Der Startseite kommt dabei eine besondere Bedeutung zu. Bereits auf der ersten Seite entscheidet sich, ob die Besucher gleich wieder weg sind oder sich weiter umsehen. Dabei sollten Sie nicht das Ziel verfolgen, möglichst viele zum Bleiben zu bewegen, sondern nur diejenigen, die zu Ihnen und Ihrem Angebot passen. Die richtigen Klienten sollten sofort sehen können: „Das ist genau das, was ich suche!" Daher sind Intro-Seiten ungünstig, auf denen nichts steht als eine allgemein gehaltene Begrüßung wie: „Herzlich willkommen auf meiner Webseite. Ich freue mich, dass Sie meine Homepage gefunden haben. Sehen Sie sich ruhig um."

Solche Floskeln nerven und führen dazu, dass viele Besucher gleich wieder wegklicken – und zwar auch solche, die zu Ihnen passen würden. Klienten haben das Recht, möglichst rasch informiert zu werden. Erleichtern Sie ihnen die Entscheidung, indem Sie sofort auf den Punkt kommen.

Achten Sie darauf, dass nach dem Lesen der Starseite klar ist,
- an wen Sie sich wenden
- was Sie anbieten
- wer Sie sind
- warum Sie für Ihre Zielgruppe die richtige Person sind.

Sie können bereits auf der Startseite mit Ihren potenziellen Klienten ins Gespräch kommen. Der Aufbau einer Startseite zum Thema dieses Buches könnte folgendermaßen aussehen, um all diese Fragen so rasch wie möglich zu beantworten:

Beispiel: Startseite

Sind Sie Trainer, Coach, Berater?

Fragen Sie sich:
- Wie kann ich mehr Klienten gewinnen?

- Wie kann ich meine Angebote bekannt machen, ohne aufdringlich zu wirken?
- Wie erstelle ich eine Webseite, die Klienten anzieht?
- Facebook, LinkedIn und YouTube – lohnt sich das für mich?

Wünschen Sie sich bei Ihrem Marketing Unterstützung von jemandem, der Ihre Sprache spricht und bereits viele Trainerinnen und Coaches auf dem Weg in die Selbstständigkeit unterstützt hat?

Dann sind Sie bei mir genau richtig.

Ich heiße Fabian Grolimund, bin Psychologe, Coach und Autor des Buchs „Erfolgreich selbstständig als Trainer, Coach, Experte“ (Hogrefe, 2018). Auf meiner Reise in die Selbstständigkeit habe ich sowohl viele Tiefen als auch Höhen erlebt. Seit fünf Jahren begleite und unterstütze ich andere Trainer und Coaches auf ihrer Reise in eine erfolgreiche Selbstständigkeit.*

Erfahren Sie mehr über **mich** und meine Angebote:

- Seminare
- ...

* Es handelt sich hier nur um ein Beispiel – nicht um ein reales Angebot. Ich coache keine Selbstständigen – warum erfahren Sie im Schlusswort.

Sie sehen: Es ist keine Hexerei. Nun sind Sie dran.

Übung

Nehmen Sie dieses Schema als Beispiel.

Sind Sie: ______________________________

____

Fragen Sie sich:

- ______
- ______
- ______
- ______

Wünschen Sie sich: ______

______

______

______

Dann sind Sie bei mir genau richtig!

Ich bin: ______

______

______

______

Ich biete Ihnen: ______

______

______

______

Natürlich können Sie einen ganz anderen Aufbau wählen. Aber achten Sie darauf, dass sich Ihre potenziellen Klienten rasch ein Bild über Ihr Angebot machen können und nach der Startseite wissen, ob sie am richtigen Ort gelandet sind.

Auf den weiteren Seiten gehen Sie ins Detail. Die folgende Checkliste unterstützt Sie dabei:

Unterseite: Coaching, Seminare oder Vorträge

Auf einer oder mehreren Seiten beschreiben Sie Ihre Angebote. Aus dem Kapitel „Wie beschreibe ich mein Angebot?“ wissen Sie bereits, auf welche Punkte Sie achten sollten, damit Ihre Ausschreibung überzeugt. Folgende Checkliste hilft Ihnen dabei, Ihre Seminar- oder Coaching-Ausschreibungen zu verbessern:

- Mein Angebot hat einen knackigen Titel, aus dem sofort hervorgeht, welcher Nutzen damit verbunden ist.
- Treffende Bilder illustrieren mein Angebot.
- Ich spreche meine Klienten direkt an.
- Ich spreche die Sprache meiner Klienten und verwende keinen „Coaching-Jargon“.
- Es findet sich auf jeder Angebotsseite ein Bild und eine Kurzbeschreibung von mir.
- Der Klient erkennt anhand der Beschreibung deutlich, bei welchen Schwierigkeiten dieses Angebot auf welche Art weiterhilft.
- Ich schließe mit einem *call to action* ab und beschreibe gleich unter dem Angebot, wie der Klient mich erreichen kann.

Unterseite: Über mich

Sie haben im Kapitel „Wie trete ich auf?“ erfahren, was zukünftige Klienten gerne über Sie wissen wollen. Überprüfen Sie Ihre Über-mich-Seite mithilfe folgender Punkte:

Auf meiner Profil-Seite erfahren die Besucherinnen meiner Webseite,

- welche Kompetenzen ich mitbringe und weshalb ich für meine Zielgruppe und Themenfelder der richtige Experte bin
- welche beruflichen Erfahrungen ich gesammelt, welche Stationen ich durchlaufen habe und wie diese mit meiner Arbeit zusammenhängen

- was mich als Person ausmacht, welche Werte ich vertrete und was mir in meiner Arbeit wichtig ist
- worauf ich bei der Arbeit mit meinen Klienten besonders Wert lege
- wie ich aussehe.

Bewerben Sie Ihre Webseite

Eine Webseite alleine bringt Ihnen kaum genügend Klienten. Meist ist es nötig, die Webseite mit ein bis zwei flankierenden Maßnahmen zu kombinieren. Wenn Sie lokal arbeiten, sind Flyer eine gute Möglichkeit, auf sich aufmerksam zu machen. Wollen Sie ohne großen Aufwand mehr Besucher auf Ihre Webseite locken, sind Ads auf Google, Facebook, Instagram oder Pinterest eine gute Möglichkeit.

Google Ads

Google Ads sind die Werbungen, die bei jeder Suchanfrage im oberen Bereich der Google-Suchergebnisse angezeigt werden. Diese Werbeform bietet vor allem für kleine Anbieter hervorragende Möglichkeiten: Sie können ganz genau bestimmen, wer Ihre Werbung sehen soll. Um eine solche Anzeige zu schalten, müssen Sie festlegen, an wen sie sich richten soll. Als Erstes überlegen Sie, wonach jemand sucht, der an Ihrem Angebot interessiert ist.

Laurianne ist Coach in Solothurn und möchte, dass ihre Webseite gefunden wird, wenn jemand die folgenden Begriffe eingibt:

- Coaching
- Beratung
- Ehekrise
- Paarberatung
- Etc.

Natürlich möchte sie nicht überall in der Welt zu diesen Begriffen gefunden werden, sondern lediglich in der Stadt Solothurn und Umgebung. Google stellt genau diese Möglichkeit zur Verfügung. Laurianne kann neben den Suchbegriffen den geografischen Raum präzise angeben, innerhalb dessen sie gefunden werden möchte. Auf diese Weise stellt sie sicher, dass ihr Werbebudget richtig investiert ist: Nur Solothurner, die nach Begriffen suchen, die mit Lauriannes Angebot in einem direkten Zusammenhang stehen, bekommen die Werbung zu Gesicht.

Oft höre ich, dass doch niemand diese Werbung anklicken würde. Dem möchte ich widersprechen. Wenn jemand ganz gezielt nach etwas sucht und die Werbung auf Google dazu passt, wird diese auch als nützlich und hilfreich empfunden und angeklickt. Als ich das letzte Mal selbst nach einem Coach gesucht habe, wurden mir einige Coaches über die normalen Suchergebnisse angezeigt, andere über die Werbeanzeigen. Ich habe mir alle Angebote angesehen und empfand die Webseite eines Coachs, der sein Angebot über Google Ads bewirbt, überzeugender als die anderen. Also habe ich ihn gebucht.

Darüber hinaus zahlen Sie bei Google-Werbung bei der Standard-Einstellung nur dann, wenn jemand tatsächlich auf die Werbung klickt (Cost per Click). Ich begnüge mich damit, die Vorteile und den Anwendungsbereich kurz zu beschreiben, da Google selbst gute Hilfestellungen und Anleitungen zur Verfügung stellt, die Ihnen dabei helfen, Ihre Werbung zu optimieren (Suchen Sie einfach nach „Google Adwords Training“).

Vielleicht finden Sie – wie manche meiner Kolleginnen und Kollegen – mit diesen Maßnahmen bereits ausreichend Klienten. Falls Sie es jedoch richtig ernst meinen mit dem Marketing und vielleicht sogar ein bekannter Coach, Trainer oder eine viel gebuchte Expertin werden möchten, nutzen Sie eine oder mehrere der folgenden Profi-Strategien, um Ihren Bekanntheitsgrad zu steigern.

Die Blog-Strategie

Schreiben Sie gerne und möchten Sie sich auf ein Thema spezialisieren? Dann könnte die Blog-Strategie zu Ihnen passen. Als Blogger schreiben Sie regelmäßig Artikel zu Ihrem Thema und veröffentlichen diese auf Ihrer Webseite. Ob Sie mit dieser Strategie Erfolg haben, hängt von folgenden Faktoren ab:

Regelmäßigkeit

Die meisten erfolgreichen Blogger halten sich an einen fixen Plan und veröffentlichen beispielsweise jede Woche oder alle vierzehn Tage einen Beitrag. Diese Vorgabe zwingt sie dazu, am Ball zu bleiben und auch dann zu schreiben, wenn sie keine Lust dazu haben. Auf diese Weise wächst der Blog beständig und bietet bald einen Fundus an spannenden Artikeln.

Tiefe

Es gibt heute praktisch zu jedem Thema mehrere Webseiten und Blogs. Sobald man jedoch nach einem Blog sucht, der zu einem spezifischen Thema in die Tiefe geht, nimmt die Anzahl rapide ab. Dabei bieten genau solche Blogs enorme Möglichkeiten für das eigene Marketing:

- Blogs, die in die Tiefe gehen, unterstreichen Ihren Expertenstatus. Die Qualität der Texte spricht dabei für sich.
- Andere Blogger, die sich ähnlichen Themen widmen, verweisen praktisch nur auf Blogs, die ins Detail gehen. Nur solche Links bieten deren Lesern einen Mehrwert.
- Suchmaschinen verfolgen das Ziel, jeweils die besten Blogs und Webseiten zu einem spezifischen Suchbegriff auf den ersten Plätzen anzuzeigen. Ausführliche, gut recherchierte Texte, auf die von vielen anderen Bloggern verlinkt wird und die in den sozialen Medien oft geteilt wurden, werden daher mit größerer Wahrscheinlichkeit weit oben gelistet.

Viele erfolgreiche Blogger wollen nicht einfach einen Blog schreiben – sie wollen zu ihrem Thema oder ihrer Nische den besten Blog überhaupt erstellen. Viele Profi-Blogs können es an Ausführlichkeit und Qualität mit guten Sach- oder Ratgeberbüchern aufnehmen.

Vernetzung

Profi-Blogger sind meist ausgesprochen gut vernetzt. Sobald ihr Blog mit einigen hilfreichen Texten aufwartet, beginnen sie, mit anderen Bloggern in Kontakt zu treten:

- Sie kommentieren auf anderen Blogs.

- Sie erwähnen andere Blogger in Artikeln und Facebook-Posts.
- Sie schreiben Gastartikel auf anderen Blogs oder laden andere Blogger dazu ein, einen Gastartikel zu verfassen.
- Sie interviewen sich gegenseitig.
- Sie nehmen an sogenannten Blog-Paraden teil. Dabei schreiben verschiedenen Blogger zum gleichen Thema und verlinken sich gegenseitig (am besten suchen Sie im Internet nach dem Begriff, um einige Beispiele zu sehen).
- Sie vernetzen sich über Facebook oder LinkedIn mit anderen Bloggern.
- Sie treffen sich real – bei Veranstaltungen, Netzwerktreffen etc.

Durch die starke Vernetzung hört man zu bestimmten Themen immer wieder die gleichen Namen und bringt diese mit der Zeit mit dem jeweiligen Thema in Verbindung. Wer sich beispielsweise mit dem Thema dieses Buches befasst und im Internet unterwegs ist, baut Assoziationen der folgenden Art auf: Online-Kurs = Marit Alke oder Facebook = Katrin Hill. Bestimmte Themen werden also mit bestimmten Personen, Blogs oder Firmennamen in Verbindung gebracht.

Übung

An welcher Verknüpfung möchten Sie arbeiten? Setzen Sie Ihren Namen oder den Firmennamen auf die eine und ein spezifisches Thema auf die andere Seite der Gleichung:

________ = ___________

Vielleicht schaffen Sie es mit der Zeit, mit mehreren Begriffen in Verbindung gebracht zu werden. Dies gelingt Ihnen eher, wenn Sie sich zunächst auf ein Thema fokussieren und konsequent daran arbeiten, diese Assoziation in den Köpfen Ihrer Zielgruppe zu verankern.

Suchmaschinen-Optimierung

Erfolgreiche Blogger erarbeiten sich normalerweise ein Grundwissen in SEO (*search engine optimization* bzw. Suchmaschinen-Optimierung) – sie lernen, was sie beachten müssen, um über eine Suchmaschine gut gefunden zu werden.

Mittlerweile muss man sich um das Ranking bei Suchmaschinen zum Glück nicht mehr allzu viele Gedanken machen. Sie sind derart verbessert worden, Webseiten auf bestimmte Qualitätsmerkmale hin zu überprüfen, dass sich der eigene Rang kaum mehr durch Tricks beeinflussen lässt. Früher war es beispielsweise sinnvoll, eher inhaltsleere Seiten zu erstellen und darin ständig die wichtigsten Suchbegriffe zu nennen. Heute entlarven Suchmaschinen solche Seiten als qualitativ minderwertig. Meine Empfehlung lautet daher: Verschwenden Sie nicht allzu viel Zeit mit Suchmaschinen-Optimierung – schreiben Sie stattdessen laufend gute Texte und vernetzen Sie sich mit anderen Bloggern.

Achten Sie lediglich auf die folgenden Empfehlungen:

1. Definieren Sie ein bis fünf Schlüsselbegriffe, unter denen Sie gefunden werden möchten. Diese sollten so spezifisch wie möglich sein. Dabei kann es sich entweder um Begriffe handeln, die selten gesucht werden oder die aus mehreren Wörtern bestehen. Zu allgemein wäre für unsere Webseite zum Thema Lernen beispielsweise der Begriff „Lernen“. Geeignet sind „Rechenschwäche“ oder „Lernen mit ADHS“. Bei solchen Begriffen bzw. Begriffskombinationen ist es durch kontinuierliche Arbeit durchaus möglich, eine gute Position bei Suchmaschinen zu erreichen.
2. Achten Sie darauf, dass diese Schlüsselbegriffe auf Ihrem Blog immer wieder auftreten – sowohl in den Titeln der Artikel als auch im Text. Dabei gilt: Schreiben Sie spannende Artikel für Menschen und keinen Wortsalat!
3. Arbeiten Sie an einer guten Verlinkung mit anderen Blogs und Webseiten. Ein Link von einer anderen Seite auf Ihren Blog wird von Suchmaschinen als Qualitätsmerkmal gewertet. Schließlich ist ein Link nichts anderes als eine Empfehlung einer anderen Person, Ihren Blog zu besuchen. Suchmaschinen achten dabei auf verschiedene Faktoren. Früher war die Anzahl der Links sehr wichtig. Daraufhin entstanden sogenannte Linkfarmen – Webseiten, die nichts weiter enthielten als viele Links auf andere Webseiten. Das bringt heute nichts mehr, da nun die Qualität der Links überprüft wird. Ein guter Link bringt Ihnen mehr als hundert schlechte. Besonders wertvoll sind Links von gut be-

suchten Webseiten und Blogs, die sich dem gleichen Thema widmen. Deshalb achten Blogger besonders auf eine gute Vernetzung und schreiben gerne Gastartikel.

Die YouTube-Strategie

Sie schreiben nicht gerne, sind aber ein begnadeter Redner? Dann nutzen Sie Video oder Podcasts (Audio-Aufnahmen) für Ihr Marketing. YouTube oder ähnliche Videokanäle bieten Ihnen die Möglichkeit, kostenlos eigene Filme hochzuladen und anderen Menschen zugänglich zu machen. Podcasts können über Apple Podcasts, Spotify und andere Anbieter verbreitet werden. Ihr großer Vorteil liegt darin, dass Sie sowohl Filme als auch Podcasts direkt in Ihre Webseite einbetten können.

Diese Form des Marketings hat eine besondere Stärke: Potenzielle Kunden lernen Ihre Stimme und Ihr Gesicht kennen und können rasch eine Beziehung zu Ihnen aufbauen bzw. abschätzen, ob die Chemie stimmt. Ein YouTube-Kanal lässt sich auch von Laien problemlos einrichten. Am besten suchen Sie auf YouTube mit den Suchbegriffen „YouTube-Kanal einrichten" nach einem aktuellen Erklär-Video, das Ihnen Schritt für Schritt zeigt, wie Sie vorgehen müssen. Die meisten Coaches oder Expertinnen, die YouTube erfolgreich für ihr Marketing nutzen,

- geben Fachwissen zu ihrem Spezialgebiet gut aufbereitet weiter
- zeigen, wie sich bestimmte Probleme lösen oder bestimmte Ziele erreichen lassen
- interviewen andere Experten
- lassen ihre Vorträge filmen und stellen diese oder Teile davon auf YouTube.

Die häufigste Darbietungsform sind kurze Filme, in denen der Experte Tipps zu seinem Thema gibt. Eine Paarberaterin spricht darüber, wie sich die Romantik auch nach längerem Beziehungsalltag erhalten lässt oder wie ein Paar mit Kleinkind die Beziehung pflegen kann. Ein Berater für kleine Unternehmen zeigt, welches die größten Fallen bei der Einstellung von Mitarbeitern sind. Erste Anregungen erhalten Sie, wenn Sie Begriffe zu Ihrem Gebiet in die YouTube-Suche eingeben und sich die Videos anderer Experten ansehen. Einige Punkte möchte ich Ihnen ans Herz legen, wollen Sie diesen Kanal für Ihr Marketing nutzen.

Kommen Sie rasch auf den Punkt

Steigen Sie direkt in das Thema ein und liefern Sie möglichst umgehend eine wirksame Lösung. Je länger Sie zu Beginn des Videos sich selbst oder Ihr Unternehmen vorstellen oder um den heißen Brei herumreden, desto mehr Zuschauer verlassen die Seite. Zeigen Sie zuerst, dass Sie etwas Wertvolles zu bieten haben. Lassen Sie Ihre Inhalte für sich sprechen – und weisen Sie danach darauf hin, wie und wofür man Sie buchen kann.

Achten Sie auf gute Tonqualität

Wir sind es gewohnt, dass die Bildqualität auf Filmportalen nicht optimal ist. Was bei einem fünf- oder zehnminütigen Tipp-Video oder einem aufgenommenen Vortrag jedoch enorm stört, ist eine schlechte Tonqualität. Während schon die marktüblichen Smartphones ein schönes Bild liefern, sind die integrierten Mikrofone auch bei halb professionellen Kameras in den meisten Fällen nicht ausreichend. Für die regelmäßige Videoproduktion oder die Aufnahmen von Vorträgen und Seminaren sollten Sie sich unbedingt ein gutes Ansteckmikrofon zulegen. So ist gesichert, dass weder Ihre Stimme hallt noch die Nebengeräusche lauter sind als Sie.

Verbessern Sie die Bildqualität durch einfache Tricks

Ein gutes Video aufzunehmen braucht Zeit. Nutzen Sie Tageslicht für den Dreh, wird es Ihnen vielleicht gehen wie mir: Bei meinem ersten Video wurde es Abend, bis alles im Kasten war. Die Beleuchtung änderte sich dabei dermaßen, dass das Video beim Zusammenschneiden seltsam aussah. Experimentieren Sie mit dem Licht und kaufen Sie sich vielleicht sogar ein bis zwei Strahler, einen Reflektor und einen Lichtschirm. Falls Sie einen Fotografen kennen, fragen Sie ihn um Rat. Ansonsten finden Sie zu diesem Thema wieder gute Tipps auf YouTube selbst – zum Beispiel unter dem Suchbegriff „YouTube Ausrüstung“.

Sorgen Sie dafür, dass Ihr Video gefunden wird

Damit Ihr Video auf YouTube gefunden wird, sollten Sie darauf achten, dass Ihr wichtigstes Schlüsselwort im Video selbst, im Titel, in der Videobeschreibung und in der Tag-Sektion vorkommt. Wie Sie dabei genau vorgehen, entnehmen Sie am besten wieder einem Erklär-Video auf YouTube.

Über die Funktion „Einbetten" könnten Sie nun Ihr Video auf Ihrem Blog oder Ihrer Webseite einfügen und einen passenden Artikel dazu schreiben.

Profi-YouTuber erarbeiten sich eine große Zahl von Abonnenten, die über jedes neue Video dieser Person informiert werden. Um dies zu erreichen, ist folgende Strategie zielführend:

1. Sie konzentrieren sich auf eine Nische, ein Thema. Dies führt dazu, dass neue Videos bei den Abonnenten auf Interesse stoßen und von diesen geliked und geteilt werden. Suchmaschinen werten dies wiederum als positives Zeichen und weisen dem Film einen besseren Rang zu.
2. Sie produzieren regelmäßig ncuc Vidcos. Viele Profis laden mindestens einmal pro Woche ein neues Video hoch.
3. Sie nutzen seit einigen Jahren meist eine halb professionelle Ausrüstung, um qualitativ hochwertige Filme mit gutem Ton zu erzeugen.
4. Sie nutzen Video-Software, um die Filme zu schneiden und Grafiken einzublenden.
5. Sie informieren sich regelmäßig, welche Faktoren das Ranking eines Videos beeinflussen. Sie stellen sich also die Frage: Was muss ich tun, damit meine Videos von YouTube bei der Suche weit oben angezeigt werden? Antworten dazu findet man einerseits auf YouTube selbst über entsprechende Suchanfragen („YouTube Ranking"), andererseits über den Austausch mit Kollegen oder eine Beratung bei einem Profi.
6. Sie teilen ihre Filme über Facebook, Twitter und Pinterest und betten diese in ihren Blog ein.
7. Sie gehen Kooperationen mit anderen YouTubern ein, stellen gegenseitig ihre Kanäle vor oder interviewen sich gegenseitig.
8. Manche Blogger nutzen YouTube-Ads, um ihre Videos zu bewerben.

Der letzte Schritt kann sich lohnen, weil Sie damit Ihre Filme wiederum einer ausgewählten Zielgruppe anzeigen können. Wenn Sie sich zu You-

Tube Unterstützung wünschen, empfehle ich Ihnen gerne Frank Katzer (www.mehrsichtbarkeit.de)

So erreichen Sie mehr Menschen

Wenn Sie Blog-Artikel schreiben oder Videos und Podcasts hochladen, möchten Sie natürlich, dass diese von möglichst vielen Lesern wahrgenommen werden. Dazu gibt es mehrere Möglichkeiten:

1. Sie können über Ihren Blog oder Vorträge E-Mail-Adressen sammeln und einen Newsletter an diese Adressen senden.
2. Sie nutzen soziale Medien wie Facebook, Twitter, Pinterest, Tiktok oder Instagram, um Ihre Inhalte mit anderen zu teilen.
3. Sie schalten im Internet Werbung – beispielsweise in Form von Google- und Facebook-Anzeigen.

Sehen wir uns diese Möglichkeiten etwas genauer an.

1. Nehmen Sie regelmäßig Kontakt auf – mit einem Newsletter

Denken Sie jetzt bitte nicht an die lästigen Werbemails, die Sie aus Versehen abonniert haben. Denken Sie an Ihre Lieblingszeitschrift, auf die Sie sich jeden Monat freuen! Newsletter sind E-Mails, die Ihre Leser über Neuigkeiten informieren: einen neuen, spannenden Artikel, ein Video, das Sie hochgeladen haben, ein PDF, das Sie zum Download anbieten.

Um einen Newsletter zu schreiben, benötigen Sie zunächst ein entsprechendes Programm. Empfehlenswert sind beispielsweise AWeber (englisch) oder CleverReach (deutschsprachig). Um ein Programm zu finden, das zu Ihnen passt, suchen Sie am besten im Internet nach „Newsletter Software Vergleichstest". Die meisten Newsletter-Programme lassen sich kostenlos ausprobieren: Sie können sich mehrere vielversprechende Programme ansehen, sich ein wenig einarbeiten und müssen sich erst dann für Ihren Favoriten entscheiden.

Die Kosten für das Programm richten sich nach der Anzahl der Abonnenten. Meist sind die ersten 100 bis 250 Abonnenten kostenlos – erst dann benachrichtigt Sie das Programm, dass Sie für weitere Abonnenten ein Upgrade kaufen müssen.

Newsletter sind eine spannende Marketingmöglichkeit, weil sie die Beziehung zu Ihren potenziellen Kunden und Klienten vertiefen. Das gilt allerdings nur, wenn der Newsletter kein plumper Werbebrief ist, sondern eine Quelle nützlicher Informationen, auf die sich die Leser freuen.

Noch besser als ein Newsletter ist ein Online-Kurs mit einzelnen Lektionen, die aufeinander aufbauen. Wenn Sie mit dem Gedanken spielen, einen kompletten Kurs zu entwickeln, empfehle ich Ihnen gerne Marit Alke (www.marit-alke.de).

2. Vernetzen Sie sich mit Ihren Klienten – über soziale Medien

Ich beschränke mich hier auf Facebook. Andere soziale Medien wie Instagram, Twitter etc. funktionieren nach ähnlichen Prinzipien.

Jede Firma glaubt, auf sozialen Medien wie Facebook präsent sein zu müssen. Dort – so das Märchen – würden sich Botschaften in Windeseile verbreiten. Das gilt vielleicht für lustige Katzenvideos, aber kaum für die Inhalte, die Trainerinnen und Coaches posten (veröffentlichen). Die Facebook-Seiten der meisten Coaches und Trainerinnen sind tot: Kaum Fans und noch weniger Beiträge, die geliked, kommentiert oder geteilt werden. Soziale Medien können jedoch für Sie zu einem wichtigen Marketinginstrument werden – sofern Sie ein klares Konzept und eine kluge Strategie verfolgen.

Falls Sie nicht eine bekannte „Personenmarke" sind, ist es besser, ein Thema zu wählen, zu dem Sie immer wieder Beiträge posten. Dieses Thema sollte durch den Namen und das Titelbild klar ersichtlich sein. Sie sollten sagen können: „Wenn Sie ... sind und sich für das Thema ... interessieren, sollten Sie meine Facebook-Seite abonnieren."

Während Sie auf Ihrer privaten Facebook-Seite alles teilen können, was Ihnen gefällt, sollten Sie sich auf Ihrer Firmen-Facebook-Seite auf Ihr Kernthema beschränken.

So posten wir auf unserer Facebook-Seite ausschließlich Beiträge zu den Themen Schule, Lernen und Eltern-Kind-Beziehung. Der Schwerpunkt liegt dabei auf Schule und Lernen. Die Zielgruppe sind Eltern und Lehrkräfte von Kindern im Grundschulalter.

Ist Ihr Themenfeld zu breit, schreiben Sie zu oft an den Interessen Ihrer bestehenden „Fans“ vorbei. Diese werden die Beiträge nicht teilen, kommentieren oder liken. In der Folge stuft Facebook die Beiträge als irrelevant ein und reduziert deren Reichweite.

Die folgenden Punkte helfen Ihnen dabei, eine Facebook-Seite aufzubauen, die Ihr Geschäft voranbringt:

1. Überlegen Sie sich vor dem Posten eines Artikels: Ist dieser Post für meine Zielgruppe tatsächlich interessant bzw. relevant und hat er einen klaren Bezug zu meinem Thema? Haben Sie den Ehrgeiz, so wählerisch zu sein, dass Ihre Fans wissen: Wenn auf dieser Facebook-Seite etwas gepostet wird, ist es spannend und nützlich für mich!
2. Posten Sie regelmäßig. Manche Experten raten, drei- bis fünfmal pro Tag etwas auf Facebook zu veröffentlichen. Wir selbst nehmen Punkt 1 sehr ernst und kommen daher nur auf ca. zwei bis drei Posts pro Woche. Trotzdem gilt: Wenn Sie wochenlang Pause machen, wird Ihre Facebook-Seite nicht abheben.
3. Posten Sie primär Ihre eigenen Inhalte. Manche Facebook-Seiten teilen mehrheitlich Artikel und Videos anderer Webseiten oder Blogs. Damit erhalten Sie jedoch kein klares Profil. Sie sollten Facebook insbesondere dazu nutzen, sich durch eigene Beiträge bekannt zu machen.
4. Verfolgen Sie ein klares Ziel mit Facebook. Dieses besteht im Normalfall darin, zusätzliche Besucher auf Ihre Webseite zu leiten, damit diese dort Artikel lesen, Videos anschauen, Ihren Newsletter abonnieren oder Sie sogar beauftragen.
5. Binden Sie auf Ihrer Webseite Social-media-buttons ein (oder bitten Sie Ihren Webmaster darum). Diese erlauben das Teilen Ihrer Artikel über Facebook, Twitter etc.
6. Geben Sie den Besuchern Ihrer Homepage oder Ihres Blogs die Möglichkeit, Fan Ihrer Facebook-Seite zu werden. Auch hier kann Ihnen Ihr Webmaster helfen. Falls Sie dies selbst tun möchten, finden Sie über die Suchbegriffe „Facebook Like-Box einbinden“ auf Google oder YouTube gute Schritt-für-Schritt-Anleitungen.
7. Beschleunigen Sie den Aufbau Ihrer Fangemeinde mittels Facebook-Werbung. Mehr dazu erfahren Sie im nächsten Kapitel.

Unseren Facebook-Auftritt finden Sie unter:
www.facebook.com/mitkindernlernen

Verlieren Sie sich nicht in den sozialen Netzwerken. Nutzen Sie diese fokussiert und zielgerichtet. Da sich soziale Medien ständig verändern, ergibt es wenig Sinn, diese eingehend in einem Buch zu beschreiben. Sie finden online laufend aktualisierte Tipps dazu.

3. Bewerben Sie Ihre Beiträge und Seminare

Facebook, Instagram und Pinterest geben Ihnen die Möglichkeit, Ihre Zielgruppe sehr gezielt und günstig zu erreichen. Werbung auf Facebook und Instagram funktioniert ähnlich wie bei Suchmaschinen. Während Sie bei Google jedoch angeben, unter welchen Suchanfragen Sie gefunden werden möchten, definieren Sie bei Facebook eine Zielgruppe, der Ihre Posts angezeigt werden. Dabei können Sie Facebook-Nutzer nach Wohnort, Alter, Geschlecht, Beruf oder Interessen segmentieren und damit bestimmen, wer Ihre Posts möglicherweise lesen wird.

Dominik, der gerne in der ganzen Schweiz zum Thema „Führung von Wissensarbeitern" bekannt werden möchte, geht dabei wie folgt vor: Nachdem er einen spannenden Artikel auf seinem Blog veröffentlicht hat, sendet er diesen zuerst per Newsletter an seine Abonnenten. Danach teilt er den Link auf Facebook. Damit noch mehr potenzielle Klienten und Kunden auf seinen Blog aufmerksam werden und den Artikel lesen, bewirbt er ihn über Facebook.
Dominik gibt auf Facebook an, dass sein Beitrag Personen angezeigt werden soll, die in der Deutschschweiz leben, älter als dreißig Jahre alt sind und sich für das Thema Führung interessieren.
Facebook analysiert das Nutzungsverhalten. Falls Sie beispielsweise die Facebook-Seiten einiger Kochseiten abonnieren und Rezepte anklicken, weiß Facebook, dass Kochen zu Ihren Interessen gehört. Sie werden in der Folge häufiger entsprechende Werbung sehen.

Die Werbemöglichkeiten auf Facebook ändern sich momentan fast monatlich, weshalb ich hier nicht näher darauf eingehe. Am besten richten Sie sich zunächst ihre Fanpage ein und experimentieren mit einem kleinen Budget mit den verschiedenen Werbeformen, die Facebook anbietet. Falls Sie ein etwas größeres Werbebudget beispielsweise für Facebook und Google Ads einsetzen möchten, lohnt es sich, sich von einer Expertin über die aktuellen Möglichkeiten informieren zu lassen.

Kombinieren Sie Marketinginstrumente

Falls Sie mehrere Marketinginstrumente nutzen, gilt: Das Zusammenspiel führt zum Erfolg.

- Weisen Sie auf Ihrem Flyer auf die Webseite hin.
- Nutzen Sie Ihre Vorträge oder Facebook, um neue Abonnenten für Ihren Newsletter zu generieren.
- Nehmen Sie einen Vortrag auf Video auf und stellen Sie diesen auf YouTube.
- Blenden Sie am Ende des Vortrags-Videos auf YouTube Ihr Buch oder Ihre Seminarwerbung ein.

So viel Arbeit! Wie werde ich produktiver?

Zu Beginn Ihrer Selbstständigkeit werden Sie vor allem damit beschäftigt sein, ausreichend Klienten zu finden. Gelingt es Ihnen, dieses Problem zu lösen, taucht meist schon das nächste auf: Sie haben plötzlich zu viele Aufträge und Anfragen. Ihr Telefon klingelt ständig und Ihr E-Mail-Postfach quillt über. Sie beginnen Überstunden zu schieben, was das Problem nicht löst, sondern verschlimmert. Als Selbstständiger führt Arbeit zu mehr Arbeit: Anstatt Feierabend zu machen, beantworten Sie stundenlang E-Mails oder schreiben den Artikel, um den eine Journalistin Sie gebeten hat. Was passiert? Die beantworteten Mails oder der geschriebene Artikel führen zu mehr E-Mails und Anrufen!

Sie können dieses Problem nicht durch immer mehr Arbeit lösen. Versuchen Sie es erst gar nicht! Entweder Sie schuften sich halb zu Tode oder die Qualität Ihrer Arbeit wird mit der Zeit dermaßen leiden, dass Ihr Unternehmen in eine Abwärtsspirale gerät.

Als Selbstständigen fällt es uns häufig schwer, einen Auftrag auszuschlagen. Die Angst, nicht genügend Klienten zu finden oder genügend Anfragen zu erhalten, sitzt uns aus der Anfangszeit noch tief in den Knochen. Wenn andere uns fragen, wie es uns geht, lautet die Antwort: „Stressig. Total viel zu tun. Aber besser zu viel als zu wenig!"

Das trifft nicht zu. Zu viel kann gefährlicher sein als zu wenig! Es kann dazu führen, dass Sie

- eine Krankheit wie einen Herzinfarkt, ein Magengeschwür oder Schlafstörungen entwickeln

- ein Burn-out entwickeln oder an anderen psychischen Problemen zu leiden beginnen
- Ihre Partnerschaft und Ihre Kinder vernachlässigen
- die Freude an der Arbeit verlieren
- nach einem arbeitsreichen und anstrengenden Leben zurückschauen und sich eingestehen müssen, dass Sie für die wirklich wichtigen Dinge in Ihrem Leben keine Zeit hatten.

Ich kenne viele Männer, denen erst nach der Pensionierung bewusst wurde, dass sie die verpasste Zeit als Partner und Vater nicht mehr nachholen können. Heute sind auch Frauen gefährdet, in dieses Fahrwasser zu geraten. Lassen Sie es nicht so weit kommen! Machen Sie sich bewusst, dass kaum ein Mensch auf dem Sterbebett bereut, nicht mehr Stunden im Büro verbracht zu haben.

Aber genug der mahnenden Worte – schließlich haben Sie den Arbeitsberg noch nicht abgebaut, nur weil ich mit dem moralischen Zeigefinger herumfuchtle.

Sie haben mehrere Möglichkeiten, auf Erfolgskurs zu bleiben und auch als Selbstständiger nicht – wie es so oft zitiert wird – selbst und ständig zu arbeiten. Am einfachsten gelingt Ihnen dies, wenn Sie Ihr Unternehmen als Abfolge einzelner Geschäftsprozesse betrachten und sich die Frage stellen, was Sie automatisieren, standardisieren oder delegieren können. Je mehr Sie die Geschäftsprozesse von Ihrer Person unabhängig machen, desto besser können Sie bestimmen, wie Sie Ihren Tag verbringen. Wie das funktioniert, möchte ich Ihnen anhand des folgenden Beispiels zeigen. Sie werden sehen: Es ist leichter als gedacht!

Unser Hauptangebot besteht aus Seminaren, die wir selbst anbieten. Diese schreiben wir auf unserer Webseite aus, Kunden melden sich an und nehmen teil.

Ein vollständiger Geschäftsprozess sieht folgendermaßen aus:

- Das Seminar wird beworben
- Wir reservieren einen Raum
- Kunden sehen das Seminarangebot und melden sich an
- Die Seminarteilnehmer erhalten eine Informationbroschüre zum Seminar und die Rechnung
- Die Zahlungseingänge werden überprüft
- Wir bereiten das Seminar vor
- Wir bereiten die Materialien für die Teilnehmer vor und drucken diese
- Wir halten das Seminar

Dieser Geschäftsprozess ist relativ typisch für Trainerinnen und Experten und bietet vielfältige Möglichkeiten der Optimierung. Gehen wir die einzelnen Schritte durch.

Schritt 1: Werbung

Bei diesem Schritt müssen Sie langfristig denken, wenn Sie dem Hamsterrad entkommen wollen. Sie können für jedes einzelne Seminar Flyer auslegen. Mit dieser Strategie sind Sie jedoch immer zwei bis drei Tage mit der Werbung beschäftigt. Der Aufwand bleibt immer gleich. Wenn Sie eine nützliche Webseite aufbauen, die immer mehr Besucher anzieht, und eine Liste an Newsletter-Abonnenten aufbauen, können Sie zunehmend von Ihrer bisherigen Arbeit profitieren. Mittlerweile müssen wir oft nichts weiter tun, als ein neues Seminar in unserem Newsletter und auf unserer Facebook-Seite zu erwähnen, um genügend Teilnehmer zu finden.

Die steigende Bekanntheit macht es auch einfacher, über Institutionen, Vereine oder Firmen Seminare anzubieten, womit die Werbung an die entsprechende Institution delegiert werden kann.

Strategien:
Langfristig investieren und sich kumulierende Effekte nutzen/delegieren

Schritt 2: Räume reservieren

Früher haben wir zunächst ein Seminar nach dem anderen angekündigt und jeweils einen entsprechenden Raum gemietet. Für jedes Seminar mussten wir anrufen oder eine E-Mail schreiben, um den Raum zu reservieren. Wenn wir spät dran waren, war unser Lieblingszentrum manchmal bereits besetzt und wir verbrachten einen halben Nachmittag damit, nach einer Alternative zu suchen. Nun legen wir im Oktober bereits alle Seminartermine für das Folgejahr fest und buchen die nötigen Räume auf einmal. Dies bedeutet nicht nur für uns deutlich weniger Arbeit und Stress, sondern hat auch Vorteile für den Vermieter, was oft mit einem Mengenrabatt honoriert wird. Die Reservierung übernimmt inzwischen unsere Sekretärin.

Strategien:
Wiederkehrende Aufgaben bündeln/delegieren

Schritt 3: Anmeldungsmanagement

Früher kamen die Seminaranmeldungen direkt an mich. Mit zunehmendem Erfolg war ich bald nur noch damit beschäftigt, E-Mails zu beantworten. Dabei lässt sich gerade dieser Bereich wunderbar auslagern. Nun melden sich die Teilnehmerinnen bei unserer Sekretärin an. Dreimal pro Woche nimmt sie alle Anmeldungen entgegen und schickt allen Teilnehmern eine standardisierte E-Mail mit einem PDF im Anhang, das alle wichtigen Fragen beantwortet und den Weg zum Kursort beschreibt.

Dieser Bereich kann auch automatisiert werden, indem sich die Teilnehmer in ein Formular eintragen oder das Seminar über einen Online-Shop direkt mit der Kreditkarte buchen. Ob Letzteres sinnvoll ist, hängt von Ihrer Zielgruppe ab. Unsere Kunden zahlen ungern mit Kreditkarte, weshalb wir auf diesen Schritt verzichtet haben.

Strategien:
Standardisieren/Delegieren/Automatisieren

Schritt 4: Rechnungsstellung

Früher habe ich jede Rechnung einzeln ausgedruckt und zur Post gebracht. Doch nun sendet unsere Sekretärin die Rechnung bei ihrer Antwort-E-Mail (Schritt 3) gleich als Anhang mit. Dies stellt kein Problem dar, da viele unserer Kunden per Online-Banking bezahlen. Nur wenn jemand ausdrücklich einen Einzahlungsschein möchte, versenden wir die Rechnung per Post.

Die Überprüfung der Zahlungen sowie die Erstellung der Buchhaltung übernimmt ebenfalls unsere Sekretärin mittels eines Buchhaltungsprogramms.

Dieser Vorgang könnte mit einem Online-Shop vollständig automatisiert werden, sofern die Zielgruppe dies akzeptiert. Es stellt sich die Frage, wie viele Kunden Sie durch dieses Vorgehen verlieren, wie viel das Betreiben des Online-Shops kostet und wie viel Geld Sie bei der Administration sparen können. Je nachdem kann diese Lösung für Sie noch nützlicher sein.

Strategien:
Elektronischer Versand/Delegieren/Automatisieren/Software nutzen

Schritt 5: Seminar vorbereiten

Dieser Schritt kostet uns inzwischen für die meisten Seminare sehr wenig Zeit, da wir sie wiederholt anbieten. Viele Trainer glauben, maßgeschneiderte Seminare anbieten zu müssen. Der Aufwand steigt dabei beträchtlich und steht – falls Sie die Vorbereitungszeit nicht verrechnen können – oft in keinem Verhältnis zum Ertrag. Individualisierte Seminare, die nach Absprache mit dem Kunden erstellt und auf dessen Bedürfnisse zugeschnitten werden, sind oft zusammengeschustert. Man kratzt da und dort Folien aus anderen Präsentationen zusammen und stellt mehr schlecht als recht ein Skript aus Texten zusammen, die man für andere Seminare erstellt hat und die nicht unbedingt passen.

Bieten Sie hingegen Seminare wiederholt an, können Sie Ihren Ausschreibungstext, die Unterlagen und die Folien optimieren, um ein erstklassiges Produkt zu liefern. Auch viele Auftraggeber kaufen lieber ein hochwertiges Produkt „von der Stange“, bei dem sie im Vorfeld abschätzen können, was sie bekommen werden.

Inzwischen biete ich nur noch einen Teil unserer Seminare selbst an. Meine Kolleginnen Nora Völker und Stefanie Rietzler können dies ebenso gut. Bei unserer Weiterbildung in Lerncoaching ergänzen externe Dozenten unser Team.

Strategien:
Wiederholen/Optimieren/Delegieren

Schritt 6: Vorbereitung des Materials

Früher stand ich stundenlang am Kopierer oder am Drucker, um unsere Seminarunterlagen für die Teilnehmer zu vervielfältigen. Heute betreiben wir diesen Aufwand nur noch bei neu konzipierten Seminaren. Bei häufig gebuchten Angeboten bieten sich Selbstverlage für das Drucken und Binden der entsprechenden Handouts an, beispielsweise Lulu (www.lulu.com). Das spart nicht nur viel Arbeitszeit – es sieht auch super aus.

Strategien:
Wiederholen/Outsourcen

Fazit

Während ich früher als Selbstständiger jeden einzelnen Handgriff selbst erledigt habe, entwickelte ich mich Schritt für Schritt zum Unternehmer. Der soeben beschriebene Geschäftsprozess kann vollständig ohne mein Zutun ablaufen. Dies gibt mir die Freiheit, zu entscheiden, an was ich mitwirken will. Ich kann

- einen Artikel für unsere Webseite, einen Gastartikel für einen Blog oder ein Buch schreiben und damit das Marketing ankurbeln
- ein neues Seminar erstellen, um unsere Produktpalette zu erweitern
- ein bestehendes Seminar optimieren und damit den Kundennutzen steigern
- ein Seminar selbst leiten.

Wenn ich mich eine Zeit lang von anderen Aufgaben zurückziehen möchte, um ein Buch zu schreiben, dann fällt nicht gleich alles zusammen. Jetzt denken Sie sich vielleicht: „Klingt schön und gut – aber das kann ich mir nicht leisten!“

Wahrscheinlich sagen Sie sich:

- „Ich stelle jemanden ein, wenn es gut läuft und ich mehr verdiene.“
- „Ich arbeite an der Webseite, wenn ich mehr Zeit habe.“

Auch ich habe lange Zeit so gedacht. Ein erster Anlass, umzudenken, war eine Erfahrung mit dem Zeichen- und Malatelier meiner Frau. Sie nutzte hauptsächlich Plakate für ihre Werbung und verteilte diese in den ersten zwei Jahren selbst. Oder besser gesagt: Sie verteilte sie nicht! Der Punkt „Werbung verteilen“ sorgte auf ihrer To-do-Liste beständig für ein schlechtes Gewissen, wurde jedoch nur sporadisch erledigt. Wir sprachen darüber und kamen zum Schluss, dass sie nur mehr Kunden und damit mehr Erfolg haben wird, wenn die Werbung regelmäßig verteilt wird. Gleichzeitig war es ihr unangenehm, für ihr eigenes Geschäft Werbung zu machen. Wir wagten den Schritt und stellten eine Studentin ein, die fünf Stunden pro Monat die Plakate verteilte. Dies kostete uns monatlich lediglich 100 Euro. Das Resultat? Der Umsatz und der Gewinn verdoppelten sich in den ersten drei Monaten!

Statt „Wenn ich mehr verdiene, werde ich die Aufgabe x delegieren“, sollten Sie sich sagen „Damit ich in Zukunft mehr verdiene, werde ich jetzt die Aufgabe x delegieren!“ Sollte Ihnen dieser Schritt noch zu groß erscheinen, müssen Sie nicht gleich beim Delegieren beginnen. Schauen wir uns die einzelnen Strategien im Detail an.

Erledigen Sie wiederkehrende Aufgaben so endgültig wie möglich

Viele Aufgaben wiederholen sich – dies sieht man insbesondere bei den E-Mails. Hier ist es hilfreich, sich zu fragen:

- Wird diese Anfrage/Frage/Aufgabe in Zukunft wieder auftreten?
- Wenn ja, kann ich sie endgültig lösen? Und wie?

Für wiederkehrende Anfragen für Vorträge oder Seminare lohnt es sich, ein PDF mit allen wichtigen Informationen (Thema, Ablauf, benötigtes

Material, Kosten etc.) sowie eine standardisierte Antwort-E-Mail zu erstellen.

Häufige Fragen können Sie unter einer entsprechenden Rubrik direkt auf der Webseite beantworten. Je besser sich Ihre Kunden im Vorfeld informieren können, desto passender werden die Anfragen und desto weniger lästige Rückfragen müssen Sie jedes Mal erneut beantworten. Natürlich werden Sie immer wieder Klienten haben, die sich bei Ihnen erkundigen, obwohl sich auf Ihrer Webseite die Antworten finden lassen – aber wenn nur schon die Hälfte sich die Antworten auf diesem Wege einholt, sparen Sie sich viel Zeit.

Gruppieren Sie ähnliche Aufgaben

Wir waren von Anfang an so clever, alle unsere Rechnungen auf einmal am Monatsende zu bezahlen, anstatt uns jeden zweiten Tag in unseren Online-Banking-Account einzuloggen. Jedoch bemerkten wir erst nach und nach, dass sich dieses simple Prinzip auf viele andere Aufgaben übertragen lässt. Es gibt viele Aufgaben, die sich einmal pro Monat, einmal pro Woche oder einmal pro Tag erledigen lassen. Hören Sie auf, Aufgaben immer dann zu erledigen, wenn diese anfallen. Legen Sie bestimmte Zeiten für folgende Aufgaben fest:

- alle Telefonate einmal am Tag
- jeweils alle E-Mails einmal am Morgen und einmal am Nachmittag
- der Gang zur Post am Donnerstag.

Wenn Sie eine Schreibphase haben, können Sie gleich mehrere Blog-Texte oder Facebook-Posts schreiben und vordatieren.

Schalten Sie auf Automatik

Viele Aufgaben können automatisiert werden. Dadurch sparen Sie Zeit und bieten Ihren Kunden eine bessere Leistung. So nutzen wir beispielsweise Dropbox (www.dropbox.com oder Google Drive), um Dokumente mit anderen zu teilen. Dieses kostenlose Programm bietet Online-Speicherplatz. Diesen können Sie nicht nur für sich selbst nutzen: Sie können auch Ordner mit anderen teilen. Sobald Sie ein neues Dokument hochladen oder verändern, steht dieses allen anderen Nutzern in der aktuellen Version zur Verfügung, denen Sie das Zugriffsrecht erteilt haben.

Wir nutzen dieses System innerhalb des Teams, aber auch für die Weiterbildung in Lerncoaching, die wir anbieten. Sobald wir ein neues Dokument, einen neuen Foliensatz oder ein Übungsblatt erstellen, das für die Teilnehmerinnen unserer Weiterbildung interessant sein könnte, speichern wir es im Dropbox-Ordner „Weiterbildung Lerncoaching“. Sofort steht es allen zur Verfügung, ohne dass wir eine E-Mail senden müssten. Kommen neue Teilnehmerinnen dazu, haben sie automatisch alle relevanten Dokumente zur Hand, sobald sie die Einladung, Einsicht in bestimmte Dokumente zu nehmen, akzeptiert haben.

Ein anderes Beispiel für die Vorteile für unsere Kunden durch automatisierte Prozesse sind unsere Skripte in Form eines Online-Kurses. Die Seminarteilnehmer erhalten nach dem Seminar alle zwei Wochen ein PDF mit kurzen Texten, um ein Thema des Seminars zu wiederholen und zu vertiefen und so die Inhalte nach und nach im Alltag umzusetzen. Wir müssen nur die E-Mail-Adressen eintragen – den Rest erledigt das Programm. Das Kosten-Nutzen-Verhältnis ist dabei umso besser, je öfter Sie ein bestimmtes Seminar anbieten.

Touch it once – Berühren Sie alles nur einmal

Marketing-Experte Chet Holmes schildert in seinem Buch *The Ultimate Sales Machine* (Holmes, 2008) einige Zeitmanagement-Tipps, die er von Milliardär Charlie Munger gelernt hat. Der erste Tipp lautet: „Berühre alles nur einmal!“

Beobachten wir uns im Alltag, müssen die meisten von uns zugeben, dass wir Dinge unnötigerweise mehrmals anfassen: Wir checken unsere E-Mails auf dem Smartphone, ohne sie zu beantworten. Wir öffnen Mails auf unserem Laptop und verschieben die Antwort auf später. Wir öffnen die Post und lassen sie dann herumliegen. Was ist die Folge dieses Verhaltens? Zum einen verlieren wir unnötig Zeit, weil wir die gleichen Mails, Briefe und Dokumente mehrmals lesen, zum anderen werden die aufgeschobenen Aufgaben immer unangenehmer. Bei mir kommt es vor, dass ich bestimmte E-Mails fünfmal aufmache, lese und wieder als ungelesen markiere. Jedes Mal wird der Druck, antworten zu müssen, größer. Leider aber auch der Wunsch, der Aufgabe noch einmal zu entgehen. Viele dieser E-Mails sind bei näherer Betrachtung nicht unangenehm. Ich habe sie lediglich zu einem Zeitpunkt das erste Mal geöffnet, als ich sie nicht beantworten konnte oder nicht die Energie hatte, mir genau zu überlegen, was ich schreiben soll. In der Folge lasse ich die E-Mail liegen. Nach zwei Tagen meldet sich das schlechte Gewissen, weil ich immer noch nicht geantwortet habe. Eine unnötige Qual, die sich durch die Touch-it-once-Regel vermeiden lässt:

- Öffnen Sie eine E-Mail nur, wenn Sie auch die Zeit haben und gewillt sind, sie zu beantworten.
- Öffnen Sie Briefe erst, wenn Sie auch bereit sind, darauf zu reagieren.
- Falls eine Aufgabe zu umfangreich ist: Sorgen Sie dafür, dass Sie zumindest einen Schritt weiterkommen. Setzen Sie einen Termin für die Bearbeitung und archivieren Sie die E-Mail oder den Brief in einem Ordner.

Die Umsetzung dieser einfachen Regel könnte meine Effektivität und mein Wohlbefinden deutlich erhöhen. Bisher verfüge ich leider nicht über die notwendige Selbstdisziplin, um sie konsequent umzusetzen. Vielleicht sind Sie reichlicher mit dieser schönen Eigenschaft gesegnet und können die Methode verwenden, um Ihre Produktivität zu steigern.

Beschränken Sie Ihre Arbeitszeit

Der britische Soziologe Northcote Parkinson formulierte mehrere ironische Gesetze, von denen das 1955 im *The Economist* veröffentliche Parkinsonsche Gesetz zum Bürokratiewachstum das wohl bekannteste ist. Dieses lautet: „Work expands so as to fill the time available for its completion.“ (Arbeit dehnt sich in genau dem Maß aus, wie Zeit für ihre Erledigung zur Verfügung steht).

Wie wahr dieses Gesetz ist, wurde mir bewusst, als ich Vater wurde. Da meine Frau ebenfalls selbstständig ist, wechseln wir uns bei der Kinderbetreuung ab. Dadurch hatten wir beide plötzlich viel weniger Zeit für die Arbeit. Interessanterweise konnten wir dadurch nicht den geringsten

Rückgang in unserer Produktivität feststellen. Wir erledigen schlicht mehr in der gleichen Zeit.

Wie kommt es zu diesem Effekt? Ich denke, dass mehrere Dinge dafür verantwortlich sind. Wenn Sie weniger Zeit zur Verfügung haben,

- planen Sie diese Zeit besser und konzentrieren sich automatisch auf das Wesentliche
- arbeiten Sie konzentrierter, weil Sie die verfügbare Zeit nutzen möchten.

Mir ist zudem aufgefallen, dass ich durch die Zeit mit meinen Kindern, während des gemeinsamen Spielens, Spazierengehens oder Einkaufens, abschalten und mich erholen kann. Danach stürze ich mich voller Elan in die Arbeit. Ein weiterer positiver Effekt des Wechselspiels zwischen Vater-Zeit und Arbeitszeit kommt dadurch zustande, dass ich anders über Probleme nachdenke. Oft gerate ich in eine Sackgasse, wenn ich vor dem Laptop sitze, und komme bei einer Frage, einem Problem oder einem Text nicht weiter. Wenn ich jedoch bei einem Spaziergang mit den Kindern darüber nachdenke, habe ich ein Aha-Erlebnis und mir fällt eine Lösung ein.

Dies geschieht übrigens nicht nur, wenn wir bewusst weiter über das Problem nachdenken, sondern auch, wenn wir uns scheinbar gar nicht mehr damit befassen. Bereits 1926 stieß der Psychologe Graham Wallas auf dieses Phänomen, das er als Inkubationszeit bezeichnete. Mehrere Studien zeigen: Eine Inkubationszeit führt zu Einsichten und hilft uns dabei, Probleme zu lösen (vgl. Dörner, 2003; Funke, 2003).

Verschiedene Theorien versuchen dieses Phänomen zu erklären. Dabei scheinen Vergessensprozesse eine wichtige Rolle zu spielen. Wenn wir mitten in einem Problem stecken, zu stark in Details verharren oder auf bestimmte Aspekte fixiert sind, sehen wir den Wald vor lauter Bäumen nicht. Wenn wir eine Zeit lang nicht über das Problem nachdenken, können Prozesse stattfinden, die dafür sorgen, dass wir Unwesentliches vergessen und Wesentliches stärker in den Vordergrund tritt oder wir neue Assoziationen bilden. Sie können diese Effekte für sich nutzen, indem Sie

1. Ihre Arbeitszeit absichtlich begrenzen und besser planen
2. Pausen einplanen, die für die nötige Distanz zur Arbeit sorgen und einen hohen Erholungswert haben.

Übung

Machen Sie dazu folgendes Experiment:

Begrenzen Sie Ihre Arbeitszeit an einem bestimmten Tag, an dem Sie keine Termine haben, auf fünf Stunden. Verteilen Sie diese so auf Ihren Tag, dass Sie Ihre natürlichen Leistungshochs nutzen können, und nehmen Sie sich für jeden Arbeitsblock eine Aufgabe vor.

Vergleichen Sie das Ergebnis mit einem Arbeitstag, an dem Sie die üblichen acht Stunden im Büro verbracht haben. Was haben Sie geleistet? Wie haben Sie sich gefühlt?

Bei mir könnte dies beispielsweise wie folgt aussehen:

Tageszeit:	Aufgabe:
8 bis 10 Uhr	Familien-Zeit
10 bis 12 Uhr	Artikel für die Zeitschrift xy verfassen
12 bis 14 Uhr	Familienzeit mit Mittagessen, Spaziergang
14 bis 16 Uhr	Seminar yz vorbereiten
16 bis 21 Uhr	Familien-Zeit
21 bis 22 Uhr	E-Mails
22 bis 24 Uhr	Feierabend

Übernehmen Sie Verantwortung für Ihre Zeit

Manchmal setze ich mich am Morgen vor den Computer und beginne zu arbeiten, ohne mir zuvor die geringsten Gedanken darüber gemacht zu haben, was ich erreichen möchte. Die Folge ist, dass ich kaum etwas zustande bringe. Ich öffne ein Dokument, gehe kurz in meinen E-Mail-Account und beantworte zwei, drei E-Mails, öffne ein weiteres Dokument oder unsere Facebook-Seite. Nach 90 Minuten bin ich müde und kann mich kaum erinnern, was ich gemacht habe.

Ein ganz anderes Maß an Produktivität und Zufriedenheit erreiche ich, wenn ich mich am Vorabend frage, was ich am folgenden Tag als Erstes erledigen will.

Ich bestimme meine Ziele und überlege mir:

- Was würde mich einem wichtigen Ziel einen Schritt näher bringen?
- Wie gehe ich diese Aufgabe am besten an?
- Welches Material benötige ich dazu?
- Wie lange brauche ich für diese Aufgabe bzw. wie lange möchte ich daran arbeiten?

Es ist erstaunlich, wie viel man erreichen kann, wenn man konzentriert eine wichtige Sache anpackt und ein bis zwei Stunden ohne Unterbrechung daran arbeitet. Nehmen Sie sich Zeit, um sich mit Ihren Zielen auseinanderzusetzen und Ihre Arbeitstage bewusst zu planen. Dabei kann Ihnen die Zeitmanagement-Matrix mit den Dimensionen „Wichtig“ und „Dringend“ eine Hilfe sein, die Stephen Covey (2005) in seinem Buch *Die sieben Wege zur Effektivität* beschreibt.

Nach Covey wird die Effektivität einer Person dadurch bestimmt, in welchem dieser vier Felder sie sich die meiste Zeit aufhält.

Menschen, die aufschieben, wenden sich gerne unwichtigen Aufgaben zu, um den aus ihrer Sicht großen, unangenehmen Aufgaben zu entgehen. Sie putzen die bereits saubere Wohnung oder reagieren auf Facebook-Posts, anstatt den Blog-Artikel zu schreiben. Sie fühlen sich am Abend ausgelaugt und leer und müssen sich dennoch eingestehen, dass sie nicht viel erreicht haben.

Menschen, die dauergestresst sind und alle mit ihrer Hektik nervös machen, kümmern sich vorwiegend um dringende Aufgaben, die aber oft nicht wichtig sind. Sie haben das Gefühl, ständig unter Termindruck zu

Tabelle 4: Zeitmanagement-Matrix nach Covey (2005)

	Dringend	**Nicht dringend**
Wichtig	Wichtig und dringend	Wichtig und nicht dringend
Nicht wichtig	Unwichtig und dringend	Unwichtig und nicht dringend

stehen und nie genügend Zeit zu haben, um alle Punkte auf ihrer To-do-Liste abzuhaken. Diese Menschen erreichen einiges, jedoch auf Kosten ihrer Gesundheit und ihres Wohlbefindens.

Menschen, die wirklich effektiv sind, haben klare Ziele und Prioritäten. Sie reagieren nicht auf alle Aufgaben, die auf sie einströmen, sondern überlegen bewusst, was wichtig ist. Sie handeln konsequent und erledigen die wichtigsten Aufgaben zuerst. Zudem gehen sie sorgsam mit ihrer Zeit um und sagen oft Nein zu Zielen, Aufgaben und Anfragen. Diese Menschen packen die dringenden und wichtigen Aufgaben an. Sie halten sich jedoch die meiste Zeit mit wichtigen, aber nicht dringenden Aufgaben auf, indem sie diese erledigen, bevor die Zeit knapp wird. Nicht Deadlines und äußere Ereignisse entscheiden über ihre Zeit, sondern sie selbst, indem sie sich die Phasen der höchsten Produktivität reservieren, um an diesen Aufgaben zu arbeiten. Die produktivsten unter ihnen haben sich das Motto des Management-Experten Peter Drucker (zit. nach Malik, 2014) zu eigen gemacht: *Effective executives do first things first and second things not at all* (S. 174)*!*

Wie stellen Sie fest, welche Aufgaben in welchen Bereich gehören?

Dazu benötigen Sie klare Prioritäten. Sie müssen wissen, wo Sie in fünf Jahren stehen wollen, und sich überlegen, welche Handlungen und Aufgaben zu diesem Ziel führen. Überlegen Sie sich:

- Was sind meine wichtigsten Ziele? Was will ich heute in fünf Jahren erreicht haben?
- Welche Aufgaben tragen wesentlich und langfristig zu diesen Zielen bei?
- Welche dieser Aufgaben kann nur ich erledigen?

Wenn Sie Antworten auf diese Fragen gefunden haben, heißt es, danach zu handeln. Nehmen Sie das Ruder in die Hand, indem Sie Ihre Ziele definieren und einen Plan erstellen, was Sie als Erstes erledigen.

Wie schnell man von diesem Weg abkommen kann, zeigt das Beispiel von Thomas, der sich vorgenommen hat, in fünf Jahren ein bekannter und gut gebuchter Verkaufstrainer zu sein.

Montagmorgen: Thomas Graf steht auf und checkt als Erstes auf dem Smartphone seine E-Mails. Er liest zehn Minuten die eingegangenen

Nachrichten: eine Vortragsanfrage, ein Feedback zu einem Seminar, zwei Newsletter ... Nach dem Anziehen trinkt er einen Kaffee und isst eine Schüssel Cornflakes. Dabei wirft er einen Blick auf seine Facebook-Seite. Ein Kommentar auf einen seiner Posts geht ihm gehörig auf die Nerven. Während des Frühstücks überlegt er, wie er darauf reagieren soll. Die Ruhe ist weg. Im Büro angekommen, schreibt er als Erstes eine Antwort auf den Kommentar. Innerlich noch immer wütend öffnet er seinen E-Mail-Posteingang, um auf die Vortragsanfrage zu reagieren. Gerade als er ein Dokument öffnen will, um eine Offerte für den Vortrag zu schreiben, sieht er, dass ein neuer Kommentar auf seiner Facebook-Seite eingegangen ist. Schon wieder dieser Kerl! Und diesmal noch frecher! Wutentbrannt setzt er zu einer geharnischten Antwort an ... Danach benötigt Thomas erst mal einen Kaffee und eine Pause, um sich wieder zu beruhigen. Nach der Pause macht er sich an die Offerte, wird aber immer wieder durch seine Gedanken an die unmöglichen Kommentare abgelenkt. Ob der Typ zwischenzeitlich wieder geschrieben hat?

Wie schnell passiert es uns allen, dass wir den Tag mit E-Mail und Facebook beginnen und schon im ersten Moment unsere Konzentration zerstören und uns vom Wesentlichen ablenken lassen?

Thomas Graf will es besser machen. Kurz vor Feierabend überlegt er sich, welche Aufgaben ihn seinen Zielen näherbringen würden und woran er am Dienstag arbeiten möchte. Dabei fallen ihm die folgenden Aufgaben ein:

- an meinem Buch schreiben
- den Artikel zum Thema Soft-Selling schreiben, um den mich unser Verbandsmagazin gebeten hat
- einen Artikel für meinen Blog schreiben.

Thomas fragt sich, welches die wichtigste Aufgabe ist. Dabei sticht der Artikel für das Magazin klar heraus, weil er eine Gelegenheit darstellt, ein größeres Publikum zu erreichen. Zudem wäre es eine ideale Chance, um das Thema Soft-Selling, das auch Thema seines Buches ist, aufzubereiten. Den Artikel könnte er zudem in seinem Blog aufgreifen, indem er in Form eines Erfahrungsberichts über Soft-Selling berichtet und auf den Zeitschriftenartikel hinweist. Thomas stellt für die Woche die folgende Aufgabenliste zusammen:

1. Artikel für das Magazin *Bilanz* schreiben
2. einen Erfahrungsbericht zu Soft-Selling verfassen und mit dem Hinweis auf den Artikel bloggen, sobald er erschienen ist
3. das Buchkapitel zum Thema Soft-Selling verfassen.

Für den Dienstag nimmt Thomas sich vor, eine erste Fassung des Artikels zu schreiben. Er überlegt sich noch am Abend, welche Bücher er als Referenz benötigt, und druckt sich die nötigen Angaben zur Länge des Artikels etc. aus. Beides legt er auf seinen Schreibtisch und fährt nach Hause.

Dienstagmorgen: Thomas wacht auf und widersteht dem Drang, auf seinem Smartphone kurz seine E-Mails zu checken. Er hat sich vorgenommen, seinen Posteingang und Facebook zu ignorieren, bis er eine erste Fassung des Artikels geschrieben hat. Anstatt in die Hosentasche wandert sein Handy gleich in seinen Aktenkoffer. Beim Frühstück fühlt er sich zunächst merkwürdig, fast verloren. Er ist es nicht mehr gewohnt, ohne Blick auf das Smartphone zu frühstücken. Fast gibt er dem Drang nach, es aus dem Aktenkoffer zu fischen, um – nur kurz – einen Blick auf Facebook zu werfen. Es gelingt ihm, den Impuls zu unterdrücken. Stattdessen schaltet er die Stereoanlage an, hört Musik und frühstückt. Dabei wandern seine Gedanken zu seiner Aufgabe. Erste Ideen fliegen ihm zu, die sich auf der Busfahrt ins Büro weiter konkretisieren. Dort angekommen, kann er es kaum erwarten, seinen Laptop anzuschalten, um die gelungenen Formulierungen nicht zu vergessen, die ihm auf der Fahrt eingefallen sind.

Er schaltet sowohl das Internet, Telefon als auch das Handy aus und beginnt zu arbeiten. Die ersten Passagen sind schnell geschrieben, doch die zweite Seite bereitet ihm einige Schwierigkeiten. Er schreibt einen Abschnitt, löscht ihn wieder, liest drei Seiten in einem Buch, versucht es nochmals. Er wird unruhig – und da ist sie wieder, die Lust, einen Blick auf Facebook zu werfen oder die E-Mails zuchecken. Er klickt automatisch auf den Browser und merkt, dass er keinen Internetzugang hat. Zum Glück hatte er das Internet ausgeschaltet, um diese Gewohnheit zu durchbrechen. Thomas macht sich einen Kaffee, schaut aus dem Fenster und beschließt, einen kurzen Spaziergang zu machen. An der frischen Luft beginnen die Gedanken wieder zu fließen und bald kristallisieren sich wieder griffige Konzepte und Formulierungen heraus. Als Thomas ins Büro zurückkehrt, fällt es ihm leicht, den Artikel fertig zu schreiben.

Es ist 11 Uhr, als er den Artikel ausdruckt, nochmals in Ruhe durchliest und speichert. Thomas steht auf und streckt sich – er fühlt sich gut. Er weiß: Die wichtigste Aufgabe des Tages ist geschafft – der Tag damit bereits ein Erfolg. Er beschließt, die letzten 45 Minuten vor dem Mittagessen zu nutzen, um dem Journalisten den Artikel zu senden und einige E-Mails zu beantworten. Thomas schaltet das Internet wieder ein und freut sich beim Absenden der E-Mail, dass er dem Journalisten den Artikel einen ganzen Monat vor der Deadline zusenden kann.

Sehen bei Ihnen zu viele Tage aus wie Thomas' Montag? Probieren Sie sein Dienstags-Rezept aus. Planen Sie eine wichtige Aufgabe für den Morgen ein und lassen Sie sich von Facebook, E-Mails und Telefonaten nicht ablenken, bis Sie diese beendet oder den vorgesehenen Zeitraum daran gearbeitet haben.

Als Selbstständige/r haben Sie die unglaubliche Freiheit, selbst zu entscheiden, wie Sie Ihre Zeit einsetzen. Und Sie haben gleichzeitig die volle Verantwortung dafür. Sie können weniger arbeiten und sich mehr Zeit für sich und Ihre Familie nehmen, wenn Sie konsequent die wichtigsten Aufgaben erledigen und sich regelmäßig überlegen, was Sie nicht mehr tun möchten.

Nutzen Sie Stephen Coveys Matrix, um zu entscheiden: Was sind die wichtigen Aufgaben, die anstehen? Welche sind zwar dringend, aber nicht wichtig und daher vernachlässigbar? Mit welchen unwichtigen Aufgaben vertrödeln Sie Ihre Zeit? Streichen Sie sie.

Thomas Graf hat in der Covey-Matrix nur zwei Spalten ausgefüllt: die wichtigen.

Tabelle 5: Fallbeispiel für Covey-Matrix

	Dringend	Nicht dringend
Wichtig	Seminarangebot für Schumacher & Co. erstellen Telefonakquise Steuerberater finden	Artikel für das Verbandsmagazin verfassen Buchprojekt realisieren Neue Artikel für meinen Blog schreiben Eine Ausschreibung für das neue Seminar formulieren Folien für das neue Seminar erstellen Seminaranmeldungen auf meine Sekretärin umleiten und sie darin schulen, diese entgegenzunehmen

Thomas fragt sich: Wieso sollte ich zu meinen produktiven Zeiten irgendeine andere Aufgabe angehen, solange diese Aufgaben noch anstehen? Er reserviert sich an den Termin-freien Tagen zwei Stunden – von 11 bis 12 und von 16 bis 17 Uhr – für E-Mails und Telefonate. Die restliche Zeit hat er zur Verfügung, um sich seinen wichtigsten Aufgaben zu widmen.

Arbeiten Sie mit Fokuszeiten

Es gibt nichts Besseres, um bei der Arbeit ein gutes Stück voranzukommen, als regelmäßige Fokuszeiten. In diesen Zeitblöcken arbeiten Sie ungestört an einem wichtigen Projekt aus Feld 2 (wichtig, aber nicht dringend): an der Vorbereitung eines neuen Seminars, einer Übungssammlung, an Ihrer Webseite, an einem Buch oder einer Artikelserie für Ihren Blog. Sie nehmen Abstand vom Tagesgeschäft, von E-Mails oder Telefonaten und konzentrieren sich ganz auf Ihre Zukunft. Sie nehmen sich dazu mindestens 90 Minuten Zeit, schalten alle Störquellen wie Handy oder Internet aus und widmen sich einer einzigen Aufgabe.

Stellen Sie sich zuerst die folgende Frage:

- Welche zwei, drei Tätigkeiten hätten – regelmäßig ausgeführt – den größten positiven Effekt auf meine berufliche Zukunft?

Vielleicht lautet Ihre Antwort:

- Regelmäßige Blog-Artikel würden meine Webseite bekannter machen und mir das Marketing mit der Zeit massiv erleichtern.
- Meine Geschäftsprozesse stärker zu automatisieren und einige Bereiche zu delegieren, würde mir viel mehr Unabhängigkeit und frei verfügbare Zeit bescheren.
- Ein Buch zu schreiben war schon immer mein großer Traum und würde mir die Akquise für Seminare und Vorträge erleichtern.

Überlegen Sie, wann Sie Zeitblöcke für diese Aufgabe reservieren können, und tragen Sie diese in Ihre Agenda ein. Das kann beispielsweise so aussehen:

- Jeden Montagmorgen investiere ich zwei Stunden in meinen Blog. Ich schalte Telefon und Handy aus, blockiere E-Mail und Facebook und widme mich dem Schreiben.
- Jeden Mittwochmorgen arbeite ich daran, mein Unternehmen zu verbessern. Ich überlege mir, wie ich meine Geschäftsprozesse automatisieren oder optimieren, Aufgaben delegieren oder bündeln kann, um in weniger Zeit mehr zu erreichen.

Ich selbst nehme mir jeweils vor, meine Prime-Time für die Zukunft zu nutzen. Prime-Time ist die Arbeitszeit, in der Sie am effektivsten und am konzentriertesten arbeiten können. Bei den meisten Menschen sind dies die ersten 90 Minuten des Tages. Dies gilt auch für Nachteulen wie mich – mit dem Unterschied, dass ich meist erst gegen zehn Uhr mit der Arbeit beginne.

In dieser Zeit kümmere ich mich um die Dinge, die den Wert unseres Unternehmens maßgeblich erhöhen. Im Sinne des zweiten Feldes der Matrix schreibe ich Artikel für unsere Webseite, arbeite an einem Buch oder einer Filmserie oder überlege mir, welche Ziele wir erreichen wollen und wie wir die Abläufe in unserem Unternehmen optimieren können.

Falls Sie das Gefühl haben, nicht genügend Zeit für die Angelegenheiten zu haben, die wichtig, aber nicht dringend sind, sollten Sie sich den Rat von Professor Randy Pausch zu Herzen nehmen, den er uns in seiner letzten Vorlesung vor seinem Tod (Pausch, 2007) gab:

> „You don't find time for important things, you make it!"

Steuern Sie das Wachstum Ihrer Firma

Mehr Zeit für das Wesentliche können Sie auch schaffen, indem Sie das Wachstum Ihrer Firma steuern und gegebenenfalls aktiv drosseln. Dazu stehen Ihnen mehrere Wege offen, wobei sich die einzelnen Maßnahmen nach Bedarf kombinieren lassen.

Schaffen Sie Kriterien für die Annahme von Aufträgen

Solange Sie keine klaren Kriterien für die Annahme von Aufträgen definieren, sind Sie versucht, zu allem Ja zu sagen. Je früher Sie selbst bestimmen, welche Kunden Sie mit welchen Angeboten unter welchen Bedingungen bedienen möchten, desto schneller erhält Ihr Unternehmen ein klares Profil. Folgende Beispiele liefern einige Ideen für Kriterien, die Ihre Arbeit noch schöner machen.

Nähe

Viele Trainer sind ständig unterwegs und übernachten dauernd in Seminarhotels. Beschleicht Sie das Gefühl, dass Sie durch die Reisen Ihre Familie nicht oft genug sehen, könnte Nähe ein gutes Kriterium sein. Sie können – abgesehen von besonders interessanten Angeboten – nur noch Aufträge für Trainings annehmen, die nah genug an Ihrem Wohnort liegen, damit Sie nicht auswärts übernachten müssen. Dieses Kriterium können Sie als besondere Stärke Ihres Unternehmens in Ihre Positionierung einfließen lassen – im Sinne von „Ihr Münchner Spezialist für …"

Sympathie

Spätestens dann, wenn Sie gut mit Aufträgen versorgt sind, sollten Sie Ihre Kundenkartei gründlich ausmisten und alle Kunden loswerden, die Ihnen unsympathisch sind. Hören Sie auf, für Leute zu arbeiten, die Ihnen den letzten Nerv rauben, ständig mehr fordern, aber nicht pünktlich zahlen. Ich würde Ihnen empfehlen, dieses Kriterium von Anfang an anzuwenden. Sie werden erfolgreicher sein, wenn Sie unsympathische Kunden meiden und Ihre Energie und Zeit in diejenigen investieren, die Sie mögen und für die Sie gerne arbeiten.

Interesse

Anfragen lassen sich auch nach Interesse sortieren. Welche Themen sprechen Sie besonders an? Wo soll die Zukunft Sie hinführen? Werden Sie mutiger und lehnen Sie Aufträge ab, für die Sie sich nicht begeistern können.

Ähnlichkeit/Schwerpunkt

Sie können Ihren Aufwand beträchtlich reduzieren, wenn Sie Anfragen für Seminare ablehnen, die außerhalb Ihrer Schwerpunkte oder Ihrer Spezialisierung liegen. Schätzen Sie den Vorbereitungsaufwand im Vorfeld ab und sagen Sie Nein, wenn Sie zu viel Neues entwickeln müssten. Entscheiden Sie jeweils bewusst, ob Sie zu einem neuen Thema ein Angebot entwickeln möchten.

Menge

Für Stefanie Rietzler und mich war es am einfachsten, eine strikte Obergrenze einzuführen: maximal fünf Seminare und zwei Vorträge pro Monat. Seit wir dieses Kriterium haben und eisern einhalten, sind wir nicht mehr überarbeitet.

Erhöhen Sie die Preise

Eine besonders einfache und vorteilhafte Art, auf steigende Nachfrage zu reagieren, besteht darin, die Preise zu erhöhen. Verlangen Sie einen Tages- oder Stundensatz, der um 25 oder sogar 50 Prozent höher liegt. Dies kann dazu führen, dass Sie mit weniger Kunden gleich viel oder sogar mehr verdienen. Häufig stellen Trainer und Coaches zudem überrascht fest, dass die Anzahl der Kunden durch die höheren Preise nicht abnimmt. Dies ist umso mehr der Fall, wenn Sie sich gut positioniert haben und für potenzielle Kunden nicht eine unter vielen, sondern „genau die

Richtige“ sind. Trifft dies auch auf Sie zu, können Sie sich fragen, was Sie mit dem zusätzlichen Geld anfangen möchten. Möchten Sie Ihren Arbeitsaufwand reduzieren, könnten Sie einen Teil des Gewinnes verwenden, um Arbeiten zu delegieren und sich damit zu entlasten.

Unterschätzen Sie nicht, was eine Preissteigerung um 25 oder 30 Prozent für Sie bedeuten kann. 30 Prozent mehr Umsatz kann Ihren Gewinn beinahe verdoppeln. Sehen wir uns dazu ein Beispiel von uns an. Wir waren lange Zeit frustriert, wie wenig am Ende des Monats übrig blieb. Als wir einmal akribisch notierten, welche Kosten bei einem Seminar wirklich anfallen, gingen uns die Augen auf:

Seminaranmeldungen	**20 × 175 EUR = 3500 EUR**
Werbung	500 EUR
Raum	650 EUR
Getränke etc. für Kursteilnehmer	80 EUR
Anreise und Übernachtung	250 EUR
Mittagessen	50 EUR
Kursunterlagen	300 EUR
Laufende Kosten pro Seminar*	400 EUR
Gewinn:	**1270 EUR**

* Um die laufenden Kosten zu errechnen, haben wir die monatlich anfallenden Kosten für Administration, Sekretariat, Telefon, Internet etc. durch die Anzahl der Seminare geteilt.

Wir gaben diese Seminare meist zu zweit – es blieben also lediglich ca. 650 Euro pro Seminarleiter und Tag übrig. Bei ca. fünf bis sechs Seminartagen pro Monat lässt sich davon mehr schlecht als recht leben. Die Aufstellung zeigt auch, wie gravierend es sich bei knapp kalkulierten Preisen auswirkt, wenn ein Seminar nicht ausgebucht ist: Relativ rasch sinkt der Gewinn gegen null.

Wir erhöhten die Seminarpreise auf 250 Euro. Zu unserem Erstaunen nahmen dadurch die Teilnehmerzahlen nicht ab – die meisten Seminare waren nach wie vor ausgebucht. Nur: Die Einnahmen stiegen bei 20 Teilnehmern auf 5000 Euro, und da die Kosten gleich blieben, konnten wir den Gewinn auf ca. 2750 Euro erhöhen und damit praktisch verdoppeln. Endlich blieb am Ende des Monats genug Geld übrig, um uns ein angemessenes Honorar auszuzahlen.

Rechnen Sie es für sich durch: Wie würde es sich auf Ihren Gewinn bzw. Lohn auswirken, wenn Sie die Preise für Ihre Seminare, Seminarplätze oder Ihre Coachingsitzungen um 10, 20, 30 oder 50 Prozent erhöhten? Ist Ihr Angebot gut genug, um eine Preissteigerung zu rechtfertigen? Falls nicht: Wie lässt sich der Wert steigern?

Falls Sie sich mit einer Preisanpassung schwertun, weil Ihr Angebot auch Menschen mit einem kleineren Budget offenstehen soll, haben Sie die Möglichkeit, bestimmten Klienten einen Rabatt anzubieten. Bei uns bezahlen beispielsweise Eltern weniger, wenn Sie Anrecht auf Krankenkassenprämienverbilligung haben oder Sozialhilfe beziehen. Auf diese Weise müssen wir nicht selbst nachprüfen, ob eine Familie ein geringes Einkommen hat (Hinweis: In der Schweiz erhalten Familien mit niedrigerem Einkommen eine Krankenkassenprämienverbilligung. Dies bedeutet, dass ein Teil der Krankenkassenbeiträge vom Staat übernommen wird.).

Bauen Sie ein Team auf

Als Trainerin oder Coach können Sie vieles delegieren. Dazu eignen sich Arbeiten, die sich gut standardisieren lassen oder in den Kompetenzbereich bestimmter Berufsgruppen fallen. Leisten Sie sich eine Sekretärin in Teilzeit, die beispielsweise einen oder zwei Nachmittage pro Woche für Sie arbeitet und

- Anmeldungen und Anfragen für Coachings, Vorträge oder Seminare entgegennimmt und den Terminplan pflegt
- Rechnungen versendet und die Zahlungseingänge überprüft
- die Buchhaltung übernimmt
- ...

Spezielle Dienstleister übernehmen einzelne Aufgaben und Aufträge. Sie können

- Ihre Buchhaltung auslagern
- einen Steuerberater beauftragen

- einen Grafiker mit dem Layout Ihrer Folien und Seminarunterlagen betrauen
- ...

Sie werden rasch sehr viel produktiver werden, wenn Sie beginnen, sich auf Ihre Stärken zu konzentrieren, und Bereiche, die Sie mit viel Energie, Zeit und Nerven mehr schlecht als recht machen, an Personen abgeben, denen das leichtfällt.

Erfolgreiche Trainer und Expertinnen haben oft ein Team mit ein oder zwei fest angestellten und mehreren freien Mitarbeitern. Sie beschäftigen beispielsweise eine Vollzeitsekretärin, die sie im Alltag unterstützt, und greifen für verschiedene Aufgaben auf Spezialisten zu. Jemand übernimmt für sie die Pressearbeit, den Webauftritt, Layout-Fragen, Buchhaltung und Werbung, während sie sich ganz auf ihre Vortrags- und Seminartätigkeit konzentrieren. Sie delegieren konsequent alle Aufgaben, die jemand anders gleich gut oder besser erledigen kann.

Fangen Sie klein an und vergrößern Sie nach und nach Ihr Team. Beginnen Sie mit einer einzelnen Aufgabe, die Sie stresst, und geben Sie diese ab: Suchen Sie sich einen Schüler, der zwei Stunden pro Woche Ihre Flyer verteilt, oder beauftragen Sie eine Studentin mit dem Layout Ihrer Folien, wenn Sie sich damit schwertun. Sobald Sie beginnen, eine unliebsame und zeitraubende Tätigkeit abzugeben, wird Energie und Zeit frei. Sie werden bald merken, dass diese Ausgaben gut investiert sind und sich rentieren. Viele Trainerinnen, Coaches und Experten merken, dass sie nach der Einstellung einer Hilfskraft

- mehr von dem tun können, was ihnen wirklich Freude bereitet
- dadurch rasch so viel mehr verdienen, dass sie nicht nur die Hilfskraft bezahlen, sondern sich selbst eine kleine Lohnerhöhung gönnen können.

Wer weiß, vielleicht werden Sie eines Tages eine dieser Expertinnen sein, die ein ganzes Team hinter sich wissen? Legen Sie noch heute los! Es gibt sicher Aufgaben, die für Sie qualvoll sind und die Sie für 100 oder 200 Euro im Monat abgeben könnten.

Oder sind Sie gar so einfältig wie wir? Meine Kollegin Nora und ich machten die Buchhaltung zu Beginn selbst, um Kosten zu sparen. Da wir so viel zu tun hatten und uns diese Aufgabe ganz besonders gegen den

Strich ging, vernachlässigten wir die Buchhaltung sträflich! Erst für die Steuererklärung nahmen wir uns notgedrungen Zeit, die Unterlagen zusammenzustellen. Die Zahlungseingänge überprüften wir nicht und auch beim Versenden der Rechnungen blieb ab und zu etwas liegen. Als unsere Sekretärin bei uns anfing und unsere Buchhaltung übernahm, stellte sie mit Erschrecken fest, dass Zahlungen im Wert von über 12000 Euro ausstanden. Die Rechnungen waren jedoch so alt, dass wir uns nicht trauten, diese noch zu versenden. Zudem konnten wir vieles nicht mehr zuordnen, da wir nie eine Debitorenliste geführt hatten. Unsere Sekretärin brauchte zu Beginn nur einen Nachmittag pro Woche, um unsere Rechnungen zu versenden, die Zahlungseingänge zu überprüfen und die Buchhaltung zu erledigen. Kostenpunkt: 600 Euro im Monat. Nicht nur hätten wir uns eine Menge Ärger erspart und weniger mit unserem inneren Schweinehund zu kämpfen gehabt, wir hätten sogar mehr verdient, wenn wir sie bereits drei Jahre früher eingestellt hätten! Also, machen Sie sich nichts vor: Sie können unliebsame Aufgaben delegieren – und zwar jetzt. Für alles, was Sie ungern tun und nicht gut können, gibt es jemanden, der dies gerne tut und gut kann. Finden Sie diese Person und stellen Sie sie ein.

Werden Sie Unternehmer

Anstatt sich als Expertin von einem Team unterstützen zu lassen, können Sie auch Unternehmerin werden. Eine klare, allgemeingültige Definition für Unternehmer gibt es nicht. Autoren wie Michael E. Gerber (2004) oder Stefan Merath (2011) haben versucht, zwischen Selbstständigen mit Mitarbeitern und Unternehmern zu unterscheiden. In der Quintessenz weisen die Autoren darauf hin, dass eine Unternehmerin daran arbeitet, sich selbst überflüssig zu machen. Während die Expertin sich ganz und gar auf ihre Kerntätigkeit konzentriert und beispielsweise berät, Seminare leitet und Vorträge hält und alle anderen Aufgaben abgibt, delegiert die Unternehmerin auch diese Tätigkeiten. Ihr Hauptprodukt ist nicht das Seminar oder der Vortrag, sondern das Unternehmen, das diese Dienstleistungen anbietet.

Beschäftigen Sie mehrere Personen, können Sie anhand eines einfachen Tests erkennen, ob Sie eher eine selbstständige Expertin oder eine Unternehmerin sind. Sie müssen sich dazu nur die folgende Frage stellen:

- Was würde passieren, wenn ich drei Monate nicht arbeiten könnte?

Je weniger dies ins Gewicht fallen würde, desto weiter haben Sie sich in Richtung Unternehmerin entwickelt. Als Trainer, Coach oder Expertin werden Sie sich wahrscheinlich nicht ausschließlich auf den Aufbau eines Unternehmens konzentrieren wollen – schließlich lieben Sie Ihre Kerntätigkeiten und möchten ihnen weiterhin nachgehen. Sie können sich jedoch entscheiden, sich in Richtung Unternehmer zu entwickeln und weitere Fachpersonen einzustellen, die Ihre Dienstleistungen anbieten.

Zum Unternehmer werden Sie, wenn Sie

- regelmäßig am Unternehmen statt nur im Unternehmen arbeiten, indem Sie Vision, Mission und Werte für das Unternehmen festlegen, Prozesse optimieren und Abläufe festlegen
- Mitarbeiter einstellen, die sowohl Ihre Kerntätigkeiten (Seminare, Beratung, Coaching) als auch die übrigen Aufgaben (Administration, Buchhaltung etc.) übernehmen.

Am Unternehmen statt im Unternehmen arbeiten

Michael Gerber trifft in seinem Buch *E-Myth* (Gerber, 2004) die wichtige Unterscheidung zwischen Arbeit am und im Unternehmen. In deutschsprachigen Raum wurde die Differenzierung insbesondere durch Stefan Merath, Autor von *Der Weg zum erfolgreichen Unternehmer* (Merath, 2011), bekannt. Unter „Arbeit am Unternehmen" wird dabei diejenige Arbeit verstanden, die sich der Frage widmet, wie ein bestimmtes Unternehmen aussehen und funktionieren soll. Also Fragen wie:

- Wofür stehen wir? Welche Werte sind uns wichtig und für welche Vision treten wir ein?
- Was sind unsere Ziele? Was wollen wir im nächsten Jahr, im nächsten Quartal erreichen?
- Wie positionieren wir uns, wie sieht unsere Geschäftsstrategie aus?
- Wie treten wir als Unternehmen auf und wie wollen wir wahrgenommen werden?
- Welche Personen führen welche Aufgaben aus?

Um ein erfolgreiches Unternehmen aufzubauen, denken Sie darüber nach, wie Ihre Firma Ihren Kunden einen immer höheren Nutzen bieten kann und dabei gleichzeitig immer unabhängiger von Ihrer persönlichen Anwesenheit wird. Dabei sollten Sie darauf achten, dass die Abläufe und Aufgaben so gestaltet sind, dass diese möglichst gut von anderen Personen übernommen werden können und ein Minimum an Kommunikation notwendig ist. Muss man sich oft absprechen, ist dies ein Hinweis darauf, dass Arbeitsabläufe und Aufgaben nicht klar genug definiert sind.

Als Nora und ich noch alleine waren und beide alles machten, ergaben sich oft Diskussionen der folgenden Art:

Fabian: „Konntest du für das Seminar „Mit Kindern lernen" in Bern wieder den Raum im Hotel Kreuz buchen?"

Nora: „Ups ... ich dachte, dass du dich dieses Mal um den Raum kümmerst."

Fabian: „Mist, ich dachte, du hättest das schon gemacht! Aber stimmt, das waren die Räume in Zürich, die du gebucht hast. Ich wollte in Bern noch schauen, ob die Räume im Hirschen schöner sind."

Nora: „Jetzt sind wir sehr knapp dran. Soll ich schauen, ob der Raum im Kreuz noch frei ist?"

Unsere „Jeder macht ein bisschen von allem"-Strategie führte dazu, dass wir uns ständig absprechen mussten und trotz viel Kommunikation immer wieder etwas vergessen wurde und wir permanent das Gefühl hatten, wir könnten irgendetwas Wichtiges übersehen haben.

Wenn Sie sich vom Selbstständigen zum Unternehmer weiterentwickeln, überlegen Sie sich, welche Aufgabenbereiche wahrgenommen werden müssen, wer welche Aufgaben übernehmen soll und wie die einzelnen Posten optimal miteinander interagieren können.

Dabei definieren Sie als Selbstständiger zunächst einige Ergebnisse, die erzielt werden sollen, sowie dazu notwendige Abläufe. Schrittfolgen, die aufeinander aufbauen, sollten dabei so weit wie möglich in einem Posten zusammengefasst werden. Nimmt die gleiche Person die Seminaranfragen entgegen, die die Räume reserviert und die Informationen zum Seminar verschickt, ist weniger interne Kommunikation nötig, als wenn diese Dinge von drei verschiedenen Personen erledigt werden und alle sich untereinander abstimmen müssen.

Unsere beiden Sekretärinnen haben beispielsweise für jeden wichtigen Arbeitsablauf ein Schema, an dem sie sich orientieren. Erstellt man solch eine Übersicht gemeinsam, können die Gedanken und das Know-how des gesamten Teams einfließen. Die Sekretärinnen erledigen Ihre Aufgaben gemäß dem Ablauf, überprüfen jedoch auch regelmäßig, ob dieser optimiert werden könnte. Falls jemand vom Team in der Zukunft zu neuen Ufern aufbricht oder in Pension geht, werden uns die schriftlich fixierten Abläufe dabei helfen, eine neue Mitarbeiterin einzuarbeiten.

Egal, wie gut es läuft: Sparen Sie nicht am Marketing

Ist man ausgebucht, ist es verlockend, am Marketing und der Werbung zu sparen. Vielleicht verfallen Sie sogar dem Irrglauben, dass Sie es „geschafft" haben und nun so bekannt oder begehrt sind, dass weder Marketing noch Werbung nötig sind, sondern Sie von Ihrem guten Ruf und Empfehlungen leben können. Das mag eine Zeit lang gut gehen – aber irgendwann werden Sie weniger Anfragen erhalten. Viele Selbstständige schrecken erst auf, wenn es finanziell knapp wird. Dann bricht die Panik aus und man versucht, möglichst rasch neue Klienten zu akquirieren! Werbung nach Bedarf funktioniert allerdings in unserer Branche nicht. Zudem fehlt in finanziell brisanter Lage meist das nötige Geld für das Marketing.

Selbst wenn Sie mehr Anfragen haben, als Sie annehmen können, sollten Sie weiterhin Zeit in Ihr Marketing stecken. Werden Sie wählerischer bei der Annahme von Aufträgen oder erhöhen Sie die Preise, anstatt beim Marketing zu sparen. Falls Sie die für das Marketing eingeplante Arbeitszeit nicht benötigen, um in der nächsten Zeit neue Klienten zu finden, können Sie diese in ein langfristiges Projekt investieren: einen Online-Kurs, eine attraktivere Webseite oder ein Buch.

Wie überwinde ich innere Blockaden?

Wir alle hindern uns ein Stück weit selbst am Erfolg. Innere Blockaden äußern sich in sorgenvollen und teilweise destruktiven Gedanken, die uns davon abhalten, unsere Ziele zu verwirklichen. Dieses Kapitel soll Ihnen dabei helfen, sich eigener schädlicher Sichtweisen bewusst zu werden und diese infrage zu stellen. Sie lernen neue, konstruktive Gedankengänge kennen, die es Ihnen erleichtern werden, etwas Neues zu wagen, sich Schwierigkeiten zu stellen und mit Misserfolgen umzugehen.

Verwechseln Sie dieses konstruktive Denken nicht mit positivem Denken: Ich gehe nicht davon aus, dass sich alles erreichen lässt, nur weil man daran glaubt. Eine ins Positive verzerrte Sichtweise kann genauso gefährlich sein wie eine zu negative: Es haben bereits genügend Menschen ihre Pensionskassen mit einer Firmengründung verspielt, weil sie zu sehr an sich und ihre Idee geglaubt haben.

Was aber sind die typischen hinderlichen Gedanken bzw. Glaubenssätze, durch die es sich (angehende) Coaches, Trainerinnen und Experten unnötig schwer machen, ihre Ziele zu erreichen und Erfolge zu feiern? Nutzen Sie Ihre eigenen Coaching-Methoden, um Ihre hinderlichen Glaubenssätze zu verändern.

Ich fühle mich noch nicht bereit

Ich kenne viele angehende Coaches und Trainerinnen, die eine Aus- und Weiterbildung nach der anderen absolvieren und nie beginnen, das Gelernte umzusetzen. Etwas hält sie zurück, und wenn man sie danach fragt, hört man fast immer: „Ich fühle mich noch nicht bereit!“ Im Seminar staunen diese Teilnehmer über die Fähigkeiten der Kursleiterin. Alles sieht so leicht und elegant aus. Die Seminarleiterin führt ein Coaching-Gespräch und der Teilnehmer denkt:

- „Wow – darauf wäre ich nie gekommen!"
- „Das sieht bei ihr so einfach aus – ich könnte das nicht."

Diese Gedanken führen dazu, dass diese Teilnehmer stets voller Bewunderung über die Dozierenden sprechen, sich selbst aber wie gelähmt fühlen. Ich glaube, dass es daher an der Zeit ist, einige Dinge klarzustellen:

Wie bereits zu Beginn dieses Buches erwähnt, wird sich diese Sicherheit, die Sie sich wünschen, durch Weiterbildungen alleine nicht einstellen! Jeder Fortbildungstag bringt Neues mit sich – neue Aspekte, neue Methoden, neue Schwerpunkte: immer noch mehr, woran man denken sollte, wenn man mit einem Menschen ein Coaching durchführt. Gleichzeitig bleibt in Seminaren immer zu wenig Zeit, um einzelne Vorgehensweisen so weit einzuüben, dass sie automatisiert werden können. Am Ende wissen Sie nach sehr vielen Seminartagen nur, was es alles zu beachten, zu wissen und zu können gäbe, und fühlen sich noch unsicherer als zuvor.

Wenn ich in einem Seminar zum Thema Prüfungsangst mit einer Teilnehmerin über ihre Ängste spreche und ihr dabei helfe, sich ihrer negativen Gedanken bewusst zu werden und diese zu verändern, ist sie erstaunt, wie rasch und mühelos dies gelingt. Sie fragt sich, wie ich darauf komme, genau diese Frage zu stellen, diese Metapher zu verwenden oder jenen Vergleich anzustellen. Die Antwort darauf ist simpel: Ich habe zur Methode meiner Wahl, der Kognitiven Umstrukturierung, mehrere Bücher gelesen und mehrere Hundert Gespräche mit prüfungsängstlichen Schülerinnen und Studierenden geführt. Es mag so aussehen, als wäre mir die Metapher, die so gut klingt und bei der Seminarteilnehmerin einen Denkprozess in Gang setzt, gerade erst eingefallen. Stimmt nicht! Sie gehört wahrscheinlich zu den fünf bis sechs sprachlichen Bildern, die ich für diese Problematik über die Jahre gesammelt, immer wieder angewendet und weiter ausgefeilt habe.

Möchten Sie ähnliche Fähigkeiten erwerben wie Ihre Dozentin, müssen Sie nicht noch mehr Weiterbildungen besuchen, sondern

1. einen Weiterbildungstag zu einem bestimmten Vorgehen besuchen

2. dieses Vorgehen mit einem Klienten ausprobieren
3. Ihre Erfahrung auswerten und sich fragen: Was lief bereits gut? Was hätte ich anders machen können? Worauf will ich beim nächsten Klienten achten?
4. weitere Klienten beraten, bis Sie die Vorgehensweise mühelos anwenden können
5. sich nun weiterbilden, indem Sie ein weiteres Buch lesen, ein Seminar besuchen oder eine Supervision in Anspruch nehmen, um Ihr Können weiter zu verfeinern und auszubauen.

Wer schwimmen lernen will, muss sich nass machen. Daran führt kein Weg vorbei, und noch so viele Erklärungen auf dem Trockenen werden Ihnen nicht das mulmige Gefühl nehmen, wenn Sie das erste Mal ins Wasser steigen.

Eine konstruktive Sichtweise lautet daher: „Ich fühle mich noch nicht bereit. Das geht allen so und wird so bleiben, bis ich genügend Erfahrungen gesammelt habe. Ich werde beginnen, ohne mich bereit zu fühlen!“

Noch eine andere Gedankenfalle möchte ich thematisieren: Falls Sie Ihre Dozentin beobachten und dabei denken „Darauf wäre ich nie gekommen!“, sollten Sie Folgendes wissen: Das wären praktisch alle anderen Coaches, die diesem Klienten hätten weiterhelfen können, auch nicht.

Hören wir einen besonders gelungenen Vergleich oder eine gute Frage, dann beschleicht uns das Gefühl, dass dies nicht nur besonders treffend war, sondern die einzig richtige Intervention. Falls Sie also denken: „Darauf wäre ich nie gekommen!“, so mag das stimmen. Was fehlt, ist der Nachsatz: „Dafür vielleicht auf etwas anderes, das ebenso hilfreich gewesen wäre.“ Letzteres werden Sie allerdings nie erfahren, wenn Sie sich nicht in die Praxis wagen und anfangen, Ihre eigenen Erfahrungen zu sammeln. Machen Sie sich die folgenden Gedanken zu eigen:

- Wenn ich darauf warte, mich bereit zu fühlen, werde ich nie beginnen. Es ist normal, dass man sich bei etwas Neuem unsicher fühlt.
- Ich muss nicht von Anfang an alles perfekt machen. Meine Klienten können es aushalten, wenn eine kurze Pause entsteht, weil ich nachdenken muss, und ich darf ab und zu eine Frage stellen, die nicht gleich zum Ziel führt.
- Will ich all das Wissen, das ich in der Weiterbildung erworben habe, wirklich umsetzen können, muss ich üben – und das geht nur, wenn ich anfange, Coachings oder Seminare durchzuführen.

Als Coach müssen Sie nicht gleich mit „richtigen Klienten" einsteigen. Eine Teilnehmerin unserer Weiterbildung in Lerncoaching stellte bereits nach dem ersten Modul den folgenden Text auf ihre Facebook-Seite:

> Versuchskaninchen gesucht
>
> *Liebe Freunde, Bekannte und Verwandte,*
>
> wie einige von euch bereits wissen, habe ich eine Weiterbildung in Lerncoaching begonnen. Damit ich möglichst rasch genügend Übung erhalte, suche ich nach „Klienten". Wer von euch möchte gerne wissen, wie er effektiver lernen, weniger aufschieben oder einen guten Lernplan erstellen kann? Für die ersten drei Versuchskaninchen ist das Coaching kostenlos.

Es ist nicht verwunderlich, dass diese Kursteilnehmerin rascher den Einstieg in die Praxis fand als andere und schon bald mit zahlenden Klienten arbeiten konnte.

Ich weiß gar nicht, wo ich anfangen soll

Bei der Vorstellung, sich selbstständig zu machen, fühlen sich manche Trainerinnen und Coaches überwältigt von all den Dingen, die man scheinbar tun sollte: Büro einrichten, Webseite erstellen, Facebook-Seite einrichten, Artikel oder sogar ein Buch schreiben, Vorträge halten, Seminare verkaufen und leiten, Buchhaltung machen etc.

Kein Wunder, denkt so mancher: „Ich weiß gar nicht, wo ich anfangen soll!" Die Aufgaben türmen sich auf wie ein Berg, für dessen Besteigung man sich schlecht gerüstet fühlt.

Als Seminarleiterin oder Coach wissen Sie, wie man Ziele definiert und einen Plan für die Umsetzung entwirft. Setzen Sie sich mit einem Kollegen, der ebenfalls am Anfang steht, zusammen, erarbeiten Sie jeweils Ziele und einen Umsetzungsplan und unterstützen Sie sich gegenseitig! Auf den Gedanken „Ich weiß gar nicht, wo ich anfangen soll!" gibt es eine einfache Antwort: Irgendwo!

Solange Sie nicht – wie ich – als Allererstes ein teures Büro mieten, spielt es keine große Rolle, wo Sie beginnen. Die meisten erfolgreichen

Coaches und Trainer – auch diejenigen, die in ihren Büchern klare Konzepte und Strategien vermitteln – haben irgendwie und irgendwo begonnen und nach und nach Licht ins Dunkel gebracht. Sie können starten, indem Sie eine erste Zielgruppe definieren, ein erstes Produkt erstellen oder eine Webseite einrichten und erste Artikel schreiben. Sie werden Fehler machen und Irrwege gehen, das lässt sich nicht vermeiden. Aber Sie lernen nur dazu, wenn Sie sich auf den Weg machen und etwas ausprobieren.

Eine konstruktive Sichtweise ist also: „Es ist nicht so wichtig, wo ich anfange – viel wichtiger ist, dass ich überhaupt loslege. Was könnte ein erster Schritt sein?“ Nutzen Sie den Fragebogen im letzten Kapitel, um Ihre nächsten Etappen zu definieren.

Von diesem ganzen Internetzeug habe ich keine Ahnung

Eine Webseite oder einen Blog erstellen zu müssen, ist für viele Coaches und Trainer ein Albtraum. Sie fühlen sich von der „Technik“ überwältigt und können sich nicht vorstellen, wie man es anpacken soll. Wie ich bereits erwähnt habe, ist es heute genauso einfach, eine Webseite oder einen Blog aufzuschalten, wie Word zu bedienen. Sie müssen sich nicht alles selbst beibringen. Engagieren Sie einen Webmaster, der die Seite für Sie erstellt. Sobald Sie sich überwunden und den ersten Schritt gemacht haben, wachsen Sie rasch in die Internetwelt hinein.

Eine konstruktive Sichtweise wäre: „Ich habe von diesem ganzen Internetzeug *noch* keine Ahnung. Und das wird jetzt geändert! Schritt eins: Ich werde gleich jetzt ...“

Ich kann doch nicht so viel Geld verlangen

Wenn Coaches ihre Preise auf die Webseite stellen, zum ersten Mal einem Klienten ihr Honorar mitteilen oder die erste Rechnung versenden, beschleicht die meisten ein komisches Gefühl. Coaching und Training sind eine Dienstleistung, deren Wert sich schlecht beziffern lässt. Was muss im Coaching passieren und wie stark muss ein Klient profitiert haben, damit ein Betrag von 50, 90 oder 150 Euro pro Sitzung gerechtfertigt ist? Habe ich genug geboten? Ich habe doch nur ein paar Stunden mit dem Klienten geredet und nun soll ich dafür Geld verlangen? Der Klient hat die Prüfung nicht bestanden, den Job nicht erhalten – kann ich für mein Lerncoaching oder Bewerbungstraining trotzdem eine Rechnung stellen? Solche Fragen beschäftigen Coaches immer wieder. Besonders diejenigen von uns, die nicht im Geschäftsbereich arbeiten, sondern Familien, Jugendliche oder Paare coachen und immer wieder mit finanziell schlechtergestellten Menschen in Berührung kommen, stellen sich die Honorar-Frage. Je sozialer unsere Einstellung, desto eher lautet die moralische Frage:

- Ist es in Ordnung, wenn nur finanziell bessergestellte Klienten von meiner Beratung profitieren können? Sollte nicht jeder Zugang haben?
- Soll ich dieser Familie einen Rabatt gewähren oder sogar ganz auf ein Honorar verzichten?

Ich kenne diese Fragen sehr gut und musste mehrere Bücher lesen, um meine diesbezüglichen Blockaden zu lösen. Folgende Gedanken und Vorgehensweisen haben mir geholfen, zu meinen Preisen zu stehen:

Geld ist wichtig!

Manche von uns müssen sich diese Tatsache erst bewusst machen. Sätze wie „Ich mache es ja nicht fürs Geld!“ kann sich nur ein Angestellter leisten. Mir hat der folgende Vergleich sehr geholfen: Geld ist für eine Firma wie Blut für einen Menschen. Wir leben nicht, um Blut zu haben – aber wenn wir zu wenig davon haben, sind wir tot. Ob Sie genügend Geld verdienen, bestimmt, ob Sie Ihre Tätigkeit als Coach oder Trainerin aufrechterhalten und ausbauen können. Die Haltung, dass Sie diese Tätigkeit nicht des Geldes wegen ausüben, führt automatisch dazu, dass Coaching für Sie ein Hobby bleiben wird. Wenn Sie sich erfolgreich selbstständig machen möchten, muss Geld eine Rolle spielen – nicht die Hauptrolle, aber eine wichtige.

Ein hilfreicher Gedanke kann lauten: „Ich möchte als Coach arbeiten und Menschen helfen können – und das geht nur, wenn ich für diese Arbeit angemessen bezahlt werde!“

Doch was ist angemessen? Ist 50, 90 oder 150 Euro pro Sitzung nicht wahnsinnig viel? Falls Sie dieser Gedanke beschleicht, hilft Ihnen der folgende Gedankengang vielleicht weiter.

Der Stundensatz ist nicht der Stundenlohn!

Es ist heilsam, einmal auszurechnen, was man als selbstständiger Coach oder Trainerin pro Stunde wirklich verdient. Dazu ermitteln Sie zuerst den Monatsgewinn, indem Sie Einnahmen (durch Ihre Coachings und Seminare) minus Ausgaben (Büromiete, Spesen etc.) rechnen. Nehmen wir das Beispiel eines Coaches, dem es gelingt, 70 Sitzungen pro Monat anzubieten, was ziemlich viel ist, und der dafür einen Stundensatz von 120 Euro verlangt. Das summiert sich in einem Arbeitsmonat wie folgt:

Einnahmen: Coaching	**70 × 120 = 8400 EUR**
Ausgaben: Miete/Telefon/Werbung/Spesen/ Altersvorsorge/Sozialabgaben ...	2600 EUR
Ausgezahltes Gehalt:	5800 EUR

Dieser Coach hat nun – wie die meisten in unserer Branche – das Problem, dass während der Sommerferien und in den Wochen um Weihnachten herum kaum jemand ein Coaching bucht. Er macht pro Jahr vier Wochen Urlaub und nutzt die restlichen terminfreien Wochen vor allem für das Marketing, die Buchhaltung und die Steuererklärung. Wenn er nun aber den eigentlichen Monatslohn ausrechnen möchte, muss er den Lohn des Beispielmonats mit zehn multiplizieren (Monate, in denen er Coachings anbieten kann) und dann durch zwölf dividieren. Das ergibt:

$5800 \times 10 : 12 = 4833$ EUR

Arbeitet unser Coach 100 Prozent – 40 Stunden pro Woche – bleibt ein Stundenlohn von weniger als 30 Euro pro Stunde. Und das vor Begleichung der Krankenkassenbeiträge und Steuern.

Der Stundensatz ist eine trügerische Größe. Fast jeder Coach oder Trainer erschrickt, wenn er diese Rechnung macht. Sie hilft jedoch dabei, den Stundensatz hoch genug anzusetzen und den Betrag zu rechtfertigen. Sie können dieses Beispiel natürlich auch nutzen, um Ihren Stundensatz oder Ihr Vortragshonorar gegenüber Klienten zu vertreten. Die meisten Angestellten haben dafür kein Ohr. Mir selbst hat es dennoch zu Beginn geholfen, manchen Kunden zu erläutern, wie die Wirklichkeit als Selbstständiger aussieht: Ich wurde sicherer beim Nennen meines Honorars, konnte dieses – indem ich es nach außen vertrat – auch mir selbst immer besser zugestehen und kam mit der Zeit zu der folgenden Überzeugung: „Mein Honorar ist absolut gerechtfertigt. Wer das nicht versteht und sich nicht in einen Selbstständigen hineinversetzen will, der ist nicht mein Kunde."

Dabei machte ich eine spannende Erfahrung: Je sicherer ich wurde, desto weniger wurde mein Honorar infrage gestellt! Heute kommt es nur noch ganz selten vor, dass ein Klient verhandeln möchte. Spielt jemand den harten Verhandlungspartner und tritt entsprechend dominant und fordernd auf, hilft mir wiederum der Gedanke: „Es gibt sehr viele sympathische Kunden, die sich auf mich einlassen und gerne bereit sind, mein Honorar zu bezahlen. Wenn ich jemandem einen Rabatt gewähre, dann lieber meinen Lieblingskunden anstatt jemandem, der mich unter Druck setzt."

Neben diesen Gedanken halfen mir einige Strategien, mich beim Thema Geld wohler zu fühlen.

Preise und Rabatte klar ausschreiben

Unsere Preise stehen seit einiger Zeit auf unserer Webseite. Das verhindert, dass wir darüber diskutieren müssen. Manche Coaches schreiben ihre Preise absichtlich nicht auf die Homepage, damit sie sie dem Klienten gegenüber erläutern können. Uns machen diese Gespräche keine Freude – und daher können sich unsere Kunden bereits im Vorfeld informieren und entscheiden, ob ihnen unser Angebot den Preis wert ist. Wenn Sie Rabatte einräumen, kann es auch hier hilfreich sein, wenn bereits auf der Webseite steht, wer Anrecht darauf hat.

Alternativen empfehlen

Ich habe mir angewöhnt, Alternativen zu empfehlen, wenn jemand über den Preis verhandeln möchte. Hat jemand Mühe, die Kosten für die Beratung aufzubringen, stellt sich die Frage, ob es eine Beratung bei einem selbstständig arbeitenden Coach sein muss. Im deutschsprachigen Raum gibt es ein gutes Netz hochwertiger Beratungsangebote, die (fast) kostenlos in Anspruch genommen werden können, wie staatliche Erziehungsberatungsstellen, Seelsorgeangebote von Kirchen, Schulpsychologen oder Psychotherapie, die von den Krankenkassen bezahlt wird. Meist lässt sich das Problem mit einem Satz lösen: „Ich kann als Selbstständiger mein Honorar nicht senken – aber ich bin gerne bereit, mit Ihnen nach einer kostenlosen Lösung zu suchen." Dabei mache ich die Erfahrung: Ist Geld wirklich das Problem, sind die Klienten dankbar und gehen gerne auf dieses Angebot ein. Ging es jedoch nur um den Versuch, den Preis zu verhandeln, kommt rasch ein „Nein, nein, wir würden gerne zu Ihnen kommen – der Preis passt schon."

Bei Organisationen, die mich für Vorträge oder Seminare buchen möchten, gehe ich ähnlich vor. Ich biete an, die Adressen anderer Referenten zu nennen, und bleibe bei meinem Preis. Ich zeige ganz klar: Ich verzichte lieber, als mich herunterhandeln zu lassen. In mehr als 95 Prozent der Fälle kommt am Tag darauf eine E-Mail mit dem Satz: „Lieber Herr Grolimund, wir konnten die Honorarfrage lösen und würden uns freuen, Sie ..."

Was ist, wenn ich scheitere?

Ja, was ist, wenn Sie scheitern? Wenn Sie sich selbstständig machen und es Ihnen nicht gelingt, auf einen grünen Zweig zu kommen? Die Angst vor Misserfolgen ist bedrückend. Die vielen Frusterlebnisse und Misserfolge zu Beginn meiner Selbstständigkeit waren für mich belastend. Die vielen Freunde und Bekannten, die es von Anfang an „eine verrückte Idee" fanden, sich gleich nach dem Studium teilweise selbstständig zu machen, und immer wissen wollten, wie es läuft, machten es mir nicht einfacher. Eine Zeit lang habe ich nichts mehr gehasst als die – je nach Person freudig-amüsierte oder mitleidig-sorgenvolle – Frage: „Und? Wie läuft dein „Geschäft"?" Ich kam mir beim Antworten jedes Mal wie ein kleiner Wurm vor – ein Versager, der alles versucht, sich unheimlich anstrengt und dennoch nicht vom Fleck kommt. Zum Glück hatte ich noch meine Stelle an der Uni und die Vorlesungen, für die ich positive Rückmeldungen erhielt, und meinen Kreis von Menschen, die mir den Erfolg trotz aller Rückschläge zutrauten.

Was kann Ihnen helfen, mit diesen Befürchtungen umzugehen? Sinnvoll finde ich zunächst die Trennung zwischen Sorgen, die sich auf materielle, und solchen, die sich eher auf soziale Aspekte beziehen.

Materielle Sorgen

Bezüglich materieller Sorgen möchte ich Ihnen die ganz klare Empfehlung geben: Gehen Sie keine zu großen Risiken ein! Vor allem nicht am Anfang. Sorgen Sie dafür, dass Sie sich diese Sorgen nicht machen müssen. Nehmen Sie kein Kapital auf und investieren Sie keine Rücklagen. Halten Sie die laufenden Kosten niedrig, indem Sie zu Beginn keinen eigenen Raum anmieten. Sie müssen auch Ihren sicheren Job nicht gleich aufgeben. Die ersten Schritte können Sie am Wochenende planen und danach – wenn möglich – auf Teilzeit umstellen. Reduzieren Sie Ihr Pensum als Festangestellter weiter, sobald die Einnahmen steigen. Warum ist dieser Punkt so wichtig? Erstens benötigen Sie als Berater, Coach oder Trainerin kein Kapital. Mit einem Laptop und einer Internetverbindung haben Sie alles, was nötig ist. Zweitens würden Sie das Geld zu Beginn in die falschen Dinge investieren. Manche Trainer erstellen zuerst einen Businessplan. Das ist gut. Weniger gut ist: Sie glauben den Zahlen, die sie aufgeschrieben haben. Sie wissen, was ich meine – diese Rechenbeispiele im Sinne von: „Der Markt umfasst 100 000 potenzielle Kunden. Wenn davon nur schon 1 Prozent unsere Dienstleistung in Anspruch nimmt ..." Was ist, wenn sich nur einer von 10 000 für Sie interessiert? Oder wenn der vermutete Bedarf gar nicht vorhanden ist? Oder Sie nicht wissen, wie Sie diese Zielgruppe ansprechen müssen? Businesspläne sind normalerweise viel zu optimistisch und die Dienstleistungen, die einige Jahre später das Geld einbringen und Absatz finden, kamen im ursprünglichen Businessplan meist gar nicht vor.

Starten Sie klein, sammeln Sie Erfahrungen und konzentrieren Sie sich in der ersten Zeit darauf, zu lernen. Sie müssen wissen, wer Ihre Kunden sind, welche Angebote sich tatsächlich verkaufen lassen, welche Werbetexte ansprechend wirken und welche Marketingformen Ihnen liegen, bevor Sie mehr Geld in die Hand nehmen, um Ihren Erfolg zu beschleunigen.

Für viele Coaches und Trainer steht jedoch nicht das materielle Risiko im Vordergrund, sondern die Sorge, das Gesicht zu verlieren und vor anderen als Versager dazustehen.

Sorgen um das soziale Ansehen

„Was würden die anderen von mir denken, wenn ich es nicht schaffe?“, „Die denken eh, dass ich nicht für die Selbstständigkeit gemacht bin“, „Dauernd wollen meine Freunde wissen, wie es läuft, die warten doch nur darauf, dass ich scheitere ...“, „Ich würde mir wie ein Versager vorkommen, wenn ich aufgeben müsste.“

Kennen Sie solche Gedanken? Den meisten von uns sind sie nicht fremd. Meist bereuen wir schon nach einigen Monaten, dass wir so vielen Menschen erzählt haben, dass wir uns selbstständig machen werden. Die permanenten Fragen, ob man nun schon eine Webseite oder Flyer habe, ob sich bereits genügend Klienten gemeldet hätten und ob man denn wirklich davon leben könne, erzeugen Druck. Machen Sie sich bewusst, für wen Sie sich selbstständig machen, warum Sie dies tun und dass es normal ist, dass der Erfolg auf sich warten lässt:

- „Ich mache einen Schritt nach dem anderen, in meinem Tempo. Ich darf mir Zeit lassen.“
- „Misserfolge und Rückschläge gehören dazu. Ich werde lernen, damit umzugehen.“
- „Es wird Zeit und viel Arbeit nötig sein, um mich und mein Angebot in den Köpfen der Menschen zu verankern. Ich tue, was in meiner Macht steht, weiß aber, dass sich der Erfolg nicht einfach erzwingen lässt.“
- „Die meisten erfolgreichen Coaches und Trainer mussten zuerst einige Irrwege gehen und vieles ausprobieren, bis sie ihre Zielgruppe gefunden haben und ansprechende Produkte entwickeln konnten. Bei mir darf es auch eine Weile dauern.“
- „Auch wenn es mir nicht gelingen sollte, als Coach Fuß zu fassen: Ich werde beim Versuch, mich selbstständig zu machen, vieles lernen und spannende neue Erfahrungen sammeln – diese kann mir niemand mehr nehmen.“
- „Ich habe das Recht, enttäuscht zu sein. Ich nehme mir ganz bewusst Zeit dafür und lasse dieses Gefühl zu.“

Folgende Schritte helfen dabei, diese Einstellung zu verinnerlichen.

Suchen Sie den Austausch mit anderen

Einer meiner vielen Fehler bestand darin, mich ganz alleine auf den Weg gemacht zu haben. Es war niemand da, der mit den gleichen Problemen zu kämpfen hatte. Treffen Sie sich – wie im Kapitel zum Thema Networking bereits angeregt – mit anderen Coaches, um über Ihre Erfahrungen mit der Selbstständigkeit zu sprechen.

Begegnen Sie Misserfolgen mit einem Ritual

Auf Ihrem Weg werden Sie immer wieder das Gefühl haben, festzustecken. Sie werden vielleicht Phasen haben, in denen zu wenige Klienten zu Ihnen kommen, es finanziell eng wird oder ein Projekt misslingt. Es ist hilfreich, wenn Sie sich innerlich darauf vorbereiten, dass Misserfolge und Rückschläge dazugehören und Teil des Weges sind. Rituale können dabei helfen, solche Erlebnisse leichter hinter sich zu lassen und mit schwierigen Ereignissen umzugehen. Überlegen Sie sich, was Ihnen guttun würde, wenn Sie enttäuscht nach Hause kommen. Sie könnten beispielsweise

- Ihre Sorgen oder den Misserfolg auf ein Blatt Papier schreiben und es anschließend verbrennen
- sich ein Schaumbad einlassen, Ihre Lieblingsmusik einschalten und Ihre Gefühle zulassen und annehmen („Ich bin enttäuscht ... und das darf so sein. Morgen schaue ich, wie es weitergeht“)
- eine Freundin oder eine Kollegin Ihrer Intervisionsgruppe anrufen und fünfzehn Minuten jammern.

Ebenfalls hilfreich ist das Führen eines Erfolgstagebuchs. Schreiben Sie sich kleinere und größere Erfolge und Fortschritte in ein nur dafür vorgesehenes Notizbuch. Nehmen Sie dieses ab und zu hervor, wenn Sie eine Krise haben.

Wer bin ich denn, dass ich ...?

Wer bin ich denn, dass ich

- andere dabei beraten will, wie sie ihre Ziele erreichen? Ich erreiche doch meine eigenen kaum

- Paare coachen möchte? So perfekt und harmonisch läuft es in meiner Partnerschaft schließlich auch nicht
- anderen zeigen will, wie sie produktiver werden? Bei mir bleibt doch auch so manches liegen.

Auch Coaches und Trainerinnen fühlen sich unsicher, haben Schwächen oder ein Leben, in dem nicht alles perfekt läuft. Gerade in der amerikanischen Literatur begegnen uns viele Coaches und Trainer, die es nur dann gerechtfertigt finden, andere Menschen zu einem Bereich zu coachen oder zu beraten, wenn man diesen selbst meistert. Nur wer selbst reich ist, soll andere in finanziellen Belangen beraten. Nur wer selbst eine Vorzeigeehe führt, soll Paare unterstützen. Viele amerikanische Autoren treten auf mit der Haltung: Seht her, ich bin so reich, überwinde jede Herausforderung mit links und meine Familie ist jeden Tag glücklich! Wenn ihr tut, was ich sage, und so werdet wie ich, könnt ihr das alles auch haben!

Jedoch verfolgt ein Coach vielleicht selbst nicht das Ziel, möglichst reich zu werden. Das muss nicht bedeuten, dass er jemand anderem nicht dabei helfen kann, seine finanziellen Ziele zu klären und sich Möglichkeiten zu überlegen, mehr Geld zu verdienen, weniger auszugeben und größere Rücklagen zu bilden. In einem Coaching oder einem Training geht es weniger darum, wie gut Sie in einem Bereich sind. Es ist in erster Linie wichtig, ob es Ihnen gelingt, sich auf den Klienten einzulassen, seine Sichtweise nachzuvollziehen, seine Probleme zu erfassen und seine Ressourcen zu aktivieren, um ihn in die Lage zu versetzen, seine Ziele zu erreichen. Ob Sie selbst ein Meister auf einem Gebiet sind, spielt nur dann eine Rolle, wenn Ihnen nichts anderes einfällt, als jedem Klienten zu erzählen, wie Sie selbst dieses Problem gelöst haben, und ihm zu raten, Sie zu kopieren.

Konstruktivere Gedanken könnten daher lauten:

- „Ja, in meiner Beziehung läuft im Moment nicht alles rund. Aber der Klient hat eine andere Beziehung mit einem anderen Menschen, mit anderen Problemen und anderen Ressourcen. Ich werde mich auf ihn und seine Fragen einlassen und sehen, ob wir eine Lösung finden."
- „Gut – ich habe keine eigenen Kinder. Aber ich habe sehr viel über Erziehung gelesen und bereits vielen Eltern bei Erziehungsfragen helfen

können. Man muss nicht alles selbst erlebt haben, nur um eine Vorstellung davon zu haben."

Verstehen Sie mich nicht falsch: Sie müssen fachlich kompetent sein, wenn Sie anderen Menschen helfen möchten. Aber Sie müssen nicht in allem ein leuchtendes Vorbild sein und alles selbst erlebt haben. Sie erwarten von Ihrem Arzt doch auch nicht, dass er jede Krankheit schon einmal selbst gehabt hat.

Unser Projekt „Mit Kindern lernen" hat Zehntausenden von Eltern dabei geholfen, die Lern- und Hausaufgabensituation mit ihren Kindern zu verbessern – und zwar bevor Stefanie, Nora oder ich Kinder im Schulalter hatten.

Zusammenfassung: Was will ich als Nächstes angehen?

Woran sollten Sie nun arbeiten? Der folgende Selbsttest zeigt Ihnen auf, wie weit Sie auf Ihrem Weg bereits gekommen sind. Lesen Sie die Aussagen und überlegen Sie, inwieweit Sie zustimmen können. Gibt es Bereiche, bei denen Sie denken: „Da könnte ich mich verbessern?" Falls ja: Greifen Sie einen Bereich heraus, bei dem Sie zulegen möchten, und machen Sie sich ans Werk! Sie finden zu jedem Thema eine kurze Wiederholung mit den wichtigsten Hebeln, die Sie einsetzen können, um sich im jeweiligen Bereich zu verbessern.

Machen Sie diesen Selbsttest immer wieder, um Ihre weiteren Schritte festzulegen. Je nachdem, wie Ihr Mix aus Angeboten und Zielgruppen aussieht, ist es günstig, den Test entsprechend der jeweiligen Klientel oder der Dienstleistung durchzuführen. Es kann gut sein, dass Sie bei einer Zielgruppe sehr gut abschneiden, während Sie bei einer anderen noch ganz am Anfang stehen.

Übung

Beantworten Sie folgende Frage am Ende jedes Themenbereiches. Wie sehr stimmen Sie den Aussagen zu?

Ich habe klar definiert, wer meine Klienten sind

Ich weiß genau, wer meine Klienten sind und wie ich sie erreiche. Ich weiß, welche Zeitschriften sie lesen, welche Vorträge und Messen sie besuchen, in welchen Netzwerken sie organisiert sind und wonach sie im Internet suchen.

Wenn ich Klienten meiner Zielgruppe anspreche oder ihnen ein Angebot unterbreite, fühle ich mich sicher, weil ich denke: „Für diesen Klienten und bei diesem Anliegen bin ich genau die richtige Person."

0 ____ 10
trifft nicht zu trifft genau zu

Verbesserungschancen:
Versuchen Sie, Ihre Zielgruppe genauer zu beschreiben. Oft hilft es, sie enger zu fassen und sich zunächst auf eine Subgruppe zu konzentrieren und für sie ein spezifisches Angebot zu schaffen. Vielleicht hilft es Ihnen auch, sich genauer mit einem idealen Klienten zu befassen. Mit wem arbeiten Sie besonders gerne zusammen? Welche Probleme und Ziele bringen Sie in Schwung? Ließe sich daraus eine konkrete Zielgruppe ableiten oder ein Suchraster für weitere Klienten erstellen? Im Kapitel „Für wen möchte ich morgens aufstehen?" finden Sie dazu weitere Anregungen.

Meine Zielgruppe passt zu mir und meinen Zielen
Ich fühle mich mit meinen Klientengruppen wohl und verstehe deren Schwierigkeiten, Wünsche und Ziele. Es ist mir ein persönliches Anliegen, diese Menschen zu unterstützen. Gleichzeitig ist meine Zielgruppe erreichbar und in der Lage, meine Leistung zu bezahlen.

0 ____ 10
trifft nicht zu trifft genau zu

Verbesserungschancen:
Stellen Sie fest, dass Ihre Zielgruppe nicht ideal ist, sprechen Sie eine andere Zielgruppe an, vielleicht eine, die ein ähnliches Problem aufweist, aber leichter zu erreichen ist.
Auf der anderen Seite können Sie Ihr Angebot verändern. Vielleicht leisten sich Ihre Wunschklienten kein teures Einzelcoaching, sind aber an Vorträgen, Tagesseminaren oder Gruppentrainings interessiert?

Ich weiß, was meine Klienten benötigen
Ich habe mich eingehend mit den Bedürfnissen und Anliegen meiner Zielgruppe auseinandergesetzt und kenne deren Bedarf. Mein Angebot

ist darauf zugeschnitten und stößt bei meiner Zielgruppe auf große Resonanz. Häufig höre ich Sätze wie: „Das ist genau das, was ich gesucht habe!" Die Rückmeldungen meiner Klienten und Seminarteilnehmer zeigen mir, dass meine Kunden sehr zufrieden sind.

0 ____ 10
trifft nicht zu trifft genau zu

Verbesserungschancen:
Bemühen Sie sich, Ihre Zielgruppe besser kennenzulernen. Betreiben Sie Marktforschung, indem Sie Ihre Klienten fragen, was ihre wichtigsten Anliegen sind. Achten Sie auf Fragen, die bei Vorträgen gestellt werden, lesen Sie die Bücher, die von Ihrer Zielgruppe am häufigsten gekauft werden, und überlegen Sie sich, weshalb gerade dieser Titel, dieser Inhalt und dieser Ton Ihre Zielgruppe so sehr anspricht.
Bitten Sie Ihre Klientinnen oder Seminarteilnehmer darum, Ihnen mitzuteilen, welche Inhalte, Übungen oder Methoden für sie am hilfreichsten waren.

Meine Klienten können mich leicht finden
Ich weiß, wie und wo sich meine Klienten informieren, wenn sie Unterstützung benötigen, und ich habe dafür gesorgt, dass ich bei der Suche gefunden werde.

0 ____ 10
trifft nicht zu trifft genau zu

Verbesserungschancen:
Überlegen Sie sich, wonach Ihre Klienten suchen, und fragen Sie sie, wie sie auf Sie gestoßen sind. Suchen Ihre Klienten im Telefonbuch? Wonach googeln sie? Wen bitten sie um eine Empfehlung? Wenn Sie wissen, wie Klienten suchen, können Sie mithilfe der im Kapitel „Wie erreiche ich meine Kunden?" vorgeschlagenen Instrumente Ihr Marketing verbessern. Optimieren Sie Ihre Webseite für bestimmte Suchbegriffe, machen Sie mit Suchmaschinen-Anzeigen auf sich aufmerksam, profitieren Sie von bestehenden Netzwerken oder bauen Sie ein Netz von Partnern auf, das sich gegenseitig weiterempfiehlt.

Dabei braucht es manchmal nicht viel. Ich habe meine letzten beiden Coaches über Suchmaschinen-Werbung gefunden. Beide hatten einen schlichten Internetauftritt, der jedoch ein klares Bild über sie als Person und ihr Angebot vermittelte. Eine Kollegin von mir erhält über die Hälfte ihrer Klienten über vier Netzwerkpartner, die sie regelmäßig empfehlen.

Meine Klienten erkennen sofort, was ich anbiete

Sobald ein potenzieller Klient von mir hört, auf meine Webseite stößt oder meinen Flyer in den Händen hält, weiß er, was ich anbiete. Meine Angebote und deren Nutzen sind eindeutig und klar beschrieben. Der Klient kann die Frage, ob dieses Angebot etwas für ihn ist, mit einem Ja oder Nein beantworten.

0 ______________________________ 10
trifft nicht zu — trifft genau zu

Verbesserungschancen:
Lassen Sie potenzielle Klienten oder Freunde Ihre Angebotsbeschreibungen durchlesen. Fragen Sie sie danach, was Sie anbieten, für welche Zielgruppe das Angebot gedacht ist, wie Sie arbeiten und welchen Nutzen der Klient erwarten kann, wenn er Ihre Dienstleistung in Anspruch nimmt. Achten Sie auf Unklarheiten in den Antworten! Welche Informationen werden überlesen? Wo treten Fragezeichen auf? Verbessern Sie Ihr Angebot bzw. dessen Beschreibung so lange, bis Ihnen die Testperson nach einmaligem Durchlesen sagen kann, welches Problem Sie für welche Personen wie lösen werden und welchen Nutzen der Klient davon hat. Weitere Hilfestellungen dazu finden Sie im Kapitel „Was biete ich an?“

Meine Angebote rentieren sich

Meine Angebote werfen einen Gewinn ab. Ich überprüfe regelmäßig, welchen Gewinnanteil ich mit welchen Angeboten erziele, indem ich die Einnahmen und Kosten, die durch die einzelnen Dienstleistungen entstehen, ermittle und vergleiche. Falls sich zeigt, dass sich ein Angebot nicht lohnt, verändere ich es oder stelle es ein.

0 ______________________________ 10
trifft nicht zu — trifft genau zu

Verbesserungschancen:
Überprüfen Sie Ihre Angebote. Gibt es Seminare, die kaum gebucht werden? Bieten Sie Coachings zu spezifischen Themen an, für die Sie viel Werbung schalten und die dennoch kaum in Anspruch genommen werden? Gibt es Klientinnen und Kunden, die Ihnen viel Arbeit und Sorgen bereiten, aber kaum Gewinn abwerfen? Denken Sie an das 80/20 Prinzip, das besagt, dass ein kleiner Teil Ihrer Arbeitszeit, Ihrer Klienten, Ihrer Angebote und Ihrer Werbung den Großteil Ihres Gewinns ausmacht. Versuchen Sie, diesen Teil aufzuspüren, und investieren Sie mehr Energie, Zeit und Geld in diese Bereiche. Ziehen Sie Ressourcen aus den weniger profitablen Bereichen ab. Weitere Hilfestellungen finden Sie im Kapitel „Was biete ich an?"

Mein Auftritt vermittelt meiner Zielgruppe, dass ich kompetent bin und die erwarteten Resultate erziele
Meine Klienten können sich darauf verlassen, dass sie bei mir bezüglich ihres Themas an der richtigen Adresse sind. Ich coache und trainiere nur in Bereichen, in denen ich mich sicher fühle. Meine Klienten sehen anhand meiner Angaben, dass ich in diesem Bereich gut ausgebildet bin. In meinen publizierten Texten spiegelt sich meine Erfahrung wider.

0 ____ 10
trifft nicht zu trifft genau zu

Verbesserungschancen:
Ihre Klienten wollen wissen, ob Sie kompetent sind und ihnen dabei helfen können, ihre Probleme zu überwinden und ihre Ziele zu erreichen. Sie halten nach Signalen Ausschau, die ihnen zeigen, dass Sie über eine entsprechende Ausbildung und Erfahrung verfügen.
Coachen Sie beispielsweise Führungskräfte, können Sie Ihr bisheriges Leben auf Ausbildungen, Weiterbildungen und Erfahrungen abklopfen, die für diese Zielgruppe relevant sind. Stellen Sie alle Informationen dazu so zusammen, dass Ihre Klienten auf einen Blick sehen, dass Sie die richtige Ansprechperson sind. Verzichten Sie auf alle Informationen, die davon ablenken und Ihr Profil verwässern. Arbeiten Sie Beispiele und Fallstudien in Ihre Texte und Vorträge ein.

Falls Sie noch nicht über die nötige Erfahrung verfügen: Sorgen Sie dafür! Als ich noch Student war und Erfahrungen als Berater sammeln wollte, entschied ich mich, kostenlose Trainings und Beratungen für Studierende anzubieten. Innerhalb eines Semesters hatte ich über fünfzig Studierende bei Lernschwierigkeiten, Motivationsproblemen und Prüfungsängsten gecoacht und so Sicherheit im Umgang mit dieser Zielgruppe, den häufigsten Schwierigkeiten und verschiedensten Beratungsinstrumenten gewonnen. Diese Erfahrungen und die so gewonnenen Kompetenzen machten es mir in der Folge leichter, mein Angebot zu verkaufen.

Mein Auftritt vermittelt meiner Zielgruppe, warum ich mich in diesem Bereich engagiere

Meine Klienten sehen anhand meines Auftritts, dass mir diese Zielgruppe und ihre Schwierigkeiten und Wünsche am Herzen liegen.

0 ____ 10
trifft nicht zu | trifft genau zu

Verbesserungschancen:

Ihre Klienten möchten vielleicht nicht nur wissen, ob Sie kompetent sind. Sie fragen sich evtl. auch, weshalb Sie sich für diese Zielgruppe und Problemstellung engagieren. Hatten Sie selbst mit ähnlichen Schwierigkeiten zu kämpfen? War ein Familienmitglied betroffen? Stellen Sie Ihren persönlichen Bezug zur Fragestellung klar heraus, erzählen Sie Ihre Geschichte, so wird sich Ihre Zielgruppe viel stärker mit Ihnen verbunden fühlen.

Meine Zielgruppe kennt mich und meine Dienstleistungen

Ich habe klar definiert, in welchem geografischen Raum ich bei welcher Zielgruppe über einen hohen Bekanntheitsgrad verfügen möchte. Ich achte darauf, dass diese Gruppe von Menschen immer wieder von mir liest, hört oder mich sieht.

0 ____ 10
trifft nicht zu | trifft genau zu

Verbesserungschancen:
Um Ihren Bekanntheitsgrad zu steigern, sind folgende Schritte hilfreich:

- Definieren Sie eine klare, eng umgrenzte Zielgruppe.
- Definieren Sie einen geografischen Raum, auf den Sie sich konzentrieren möchten.
- Sammeln Sie Informationen über Ihre Zielgruppe: Was liest sie? Wonach sucht sie? Wie ist sie organisiert? Wie lässt sie sich am besten erreichen?
- Stimmen Sie Ihr Angebot auf diese Zielgruppe ab.
- Wählen Sie für Ihre definierte Zielgruppe und den geografischen Raum geeignete Marketingkanäle aus und arbeiten Sie kontinuierlich daran, Ihre Bekanntheit bei dieser Zielgruppe zu steigern.

Je enger Sie Ihre Zielgruppe wählen, desto rascher können Sie dort eine hohe Bekanntheit erreichen, ihr attraktive Angebote unterbreiten und von Weiterempfehlungen profitieren.

Ich verfüge über ein gut ausgebautes Netzwerk
Mein Netzwerk trägt und stützt mich. Ich habe Personen, mit denen ich mich über wichtige Fragen austauschen und an die ich mich bei Unsicherheiten wenden kann.
Partnerschaften, in denen wir unsere Angebote gegenseitig bekannt machen, und Personen, die mich weiterempfehlen, verhelfen mir regelmäßig zu neuen Klienten.

0 ____ 10
trifft nicht zu — trifft genau zu

Verbesserungschancen:
Nutzen Sie eine Stunde pro Woche gezielt für Ihr Networking. Erstellen Sie anhand des Kapitels zu diesem Thema eine Liste mit fünfzehn Personen, mit denen Sie enger zusammenarbeiten möchten.
Nutzen Sie diese Stunde, um diese Menschen anzurufen, ihnen zu schreiben oder über Kommentare zu deren Blog-Artikeln oder Facebook-Posts Kontakt aufzubauen.

Meine Webseite bzw. mein Blog ist ein Knotenpunkt im Netz

Meine Webseite bzw. mein Blog wird über Suchmaschinen anhand der Begriffe, die mir wichtig sind, gut gefunden.

Wie sehr stimmen Sie dieser Aussage im Moment zu?

0 ____ 10
trifft nicht zu — trifft genau zu

Verbesserungschancen:

Möchten Sie sich als Experte positionieren, lohnt es sich, regelmäßig neue Artikel für Ihre Webseite oder Ihren Blog zu schreiben. Genauso wichtig ist aber die Vermarktung Ihrer Webseite. Sie können einzelne Artikel promoten, indem Sie in Ihrem Newsletter und auf Facebook darauf hinweisen. Beschleunigen Sie das Wachstum Ihres Bekanntheitsgrads, indem Sie Werbung in den sozialen Medien schalten. Zudem können Sie Ihren Webauftritt als Ganzes bekannter machen, indem Sie sich mit bekannten Kollegen vernetzen und für deren Blogs Gastartikel schreiben.

Mein Arbeitspensum entspricht mir

Ich fühle mich mit meinem Arbeitspensum wohl und habe nicht das Gefühl einer überquellenden To-do-Liste oder eines übervollen Terminkalenders.

0 ____ 10
trifft nicht zu — trifft genau zu

Verbesserungschancen:

Sollten Sie zu viel arbeiten, können Sie mittels 80/20-Analyse diejenigen Tätigkeiten identifizieren, bei denen das Verhältnis von Aufwand und Ertrag besonders gut ist, und sich auf diese konzentrieren. Reduzieren Sie Ihr Angebot, indem Sie die weniger rentablen Bereiche abbauen.
Lagern Sie Tätigkeiten aus, die nicht Ihren Stärken entsprechen. Geben Sie beispielsweise die Buchhaltung und Administration an eine Assistentin oder einen externen Dienstleister ab.

Lernen Sie Nein zu sagen, wenn Sie Anfragen zu Vorträgen, Seminaren etc. erhalten, die nicht ganz Ihre Kernthemen treffen und daher viel Vorbereitung benötigen. Setzen Sie klare Prioritäten, indem Sie sich jeden Morgen fragen, welche Aufgabe heute die wichtigste ist.
Erhöhen Sie die Preise, um mit weniger Coachings oder Seminaren den gleichen Umsatz zu erzielen. Lesen Sie nochmals das Kapitel „So viel Arbeit! Wie werde ich produktiver?", um Arbeitsprozesse zu optimieren, zu automatisieren oder Aufgaben auszulagern.

Rechtsform, Steuern, Versicherungen, Altersvorsorge, Buchhaltung & Co. – Wo finde ich Antworten?

Dieses Buch widmet sich der Frage, wie Sie zu Ihren Wunschklienten kommen. Andere wichtige Bereiche, die ebenfalls zur Selbstständigkeit gehören, habe ich aus Platzgründen ausgespart.

Zu Fragen, welche Rechtsform Ihre Firma haben sollte, welche Versicherungen Sie benötigen, wie Sie Ihre Altersvorsorge am besten gestalten oder was Sie beim Ausfüllen Ihrer Steuererklärung beachten sollten, finden Sie hier einige Hinweise auf weiterführende Literatur und hilfreiche Webseiten.

Schweiz

Für Schweizer lohnt es sich, sich das Standardwerk *Ich mache mich selbständig* von Norbert Winistörfer zu kaufen. Es wird regelmäßig aktualisiert und ist ein gutes Nachschlagewerk für verschiedenste Fragen rund um die Selbstständigkeit.

Informativ sind auch die folgenden Webseiten:

www.ch.ch/de/selbststandig-machen

www.kmu.admin.ch/kmu/de/home.html

www.startups.ch

Deutschland

Für Leser in Deutschland empfiehlt sich der Ratgeber *Existenzgründung: In zehn Schritten zum Erfolg* der Stiftung Warentest.

Ebenfalls hilfreich und auf die spezifische Situation von Coaches, Beratern und Trainerinnen ausgerichtet sind die Bücher von Svenja Hofert, zum Beispiel *Erfolgreiche Existenzgründung für Trainer, Berater, Coachs.*

Die meisten wichtigen Informationen finden Sie online. Zum Beispiel auf der Webseite des Bundesministeriums für Wirtschaft und Energie:

www.existenzgruender.de

oder auf

www.gruenderlexikon.de

Österreich

Für Österreich bietet insbesondere das Internet viele fundierte und aktuelle Informationen für Gründerinnen, zum Beispiel unter:

www.gruenderservice.at

www.selbststaendig-machen.at

Alles Gute auf Ihrer Reise!

Zum Ende dieses Buches möchte ich Ihnen auf Ihrer Reise alles Gute wünschen. Sich als Selbstständige oder Unternehmer auf den Weg zu machen bedeutet, eigene Grenzen auszuloten, sich fortwährend zu entwickeln, zu lernen und sich dabei stetig besser kennenzulernen. Damit das Glück Sie findet, müssen Sie wissen, wohin Sie möchten, was Erfolg für Sie bedeutet. Sie müssen Entscheidungen treffen, Neues aufbauen und Liebgewonnenes loslassen. Sie werden Höhen und Tiefen erleben – aber vor allem werden Sie leben. Eine eigene Firma zu haben ist ein Abenteuer!

Ich hoffe, es ist mir gelungen, zum Ausdruck zu bringen, wie wichtig es ist, eine Zielgruppe zu finden, für die man brennt und deren Anliegen und Sorgen einem am Herzen liegen. Für mich sind dies Kinder und Jugendliche mit Lernschwierigkeiten sowie deren Eltern und Lehrkräfte. Aus diesem Grund biete ich zum Thema dieses Buches keine Beratungen oder Coachings an und halte keine Vorträge zum Thema Selbstständigkeit oder Marketing. Die einzige Ausnahme ist ein Seminar mit dem Titel „Marketing für Coaches, Trainer und Experten", das ich einmal pro Jahr in Zürich (und nur in Zürich) anbiete. Informationen dazu finden Sie auf unserer Webseite www.weiterbildung-lerncoaching.ch unter der Rubrik „Angebote".

Vielleicht sehen wir uns dort – ich würde mich freuen.

Fabian Grolimund

Literatur

Adriaanse, M.A., Oettingen, G., Gollwitzer, P.M., Hennes, E.P., de Ridder, D.T. & De Wit, J.B.F. (2010). When planning is not enough: Fighting unhealthy snacking habits by mental contrasting with implementation intentions (MCII). *European Journal of Social Psychology, 40*, 1277–1293. https://doi.org/10.1002/ejsp.730

Amway. (2010). *Zukunft Selbständigkeit*. Eine Studie der Amway GmbH und der Ludwig-Maximilians-Universität München.

Blum, H. & Beck, D. (2016). *No Blame Approach*. Fairaend.

Blüher, R. & Pahl, S. (2007). Der „Mere-Exposure"-Effekt und die Wahl von Produkten. *Zeitschrift für Sozialpsychologie, 38*, 209–215. https://doi.org/10.1024/0044-3514.38.3.209

BrightLocal. (2014). *Local Consumer Review Survey*. Online abrufbar unter: https://www.brightlocal.com/learn/local-consumer-review-survey-2014/

Burchard, B. (2011). *The Millionaire Messenger: Make a Difference and a Fortune Sharing Your Advice*. Free Press.

Chandler, S. & Litvin, R. (2013). *The Prosperous Coach: Increase Income and Impact for You and Your Clients*. Maurice Bassett.

Cialdini, R.B. (2017). *Die Psychologie des Überzeugens: Wie Sie sich selbst und Ihren Mitmenschen auf die Schliche kommen*. Hogrefe.

Covey, S.R. (2005). *Die 7 Wege zur Effektivität: Prinzipien für persönlichen und beruflichen Erfolg*. Gabal.

Dörner, D. (2003). *Die Logik des Misslingens. Strategisches Denken in komplexen Situationen*. Rowohlt Taschenbuch Verlag.

Friedrich, K. (2014). *Erfolgreich durch Spezialisierung: Radikal anders – radikal besser.* Redline Verlag.

Friedrich, K., Malik, F. & Seiwert, L. (2009). *Das große 1×1 der Erfolgsstrategie: EKS© – Erfolg durch Spezialisierung*. Gabal.

Funke, J. (2003). *Problemlösendes Denken*. Kohlhammer.

Gerber, M.E. & Rusch, A.S. (2003). *The E-Myth Revisited: Warum die meisten kleinen Unternehmen nicht funktionieren und was Sie dagegen tun können*. Audiobook. Rusch-Verlag.

Gerber, M.E. (2004). *The E-Myth Revisited: Why Most Small Businesses Don't Work and What to Do About It*. HarperCollins.

Goldstein, N.J., Martin, S.J. & Cialdini, R.B. (2009). *Yes! Andere überzeugen – 50 wissenschaftlich gesicherte Geheimrezepte*. Hogrefe.

Gollwitzer, P.M. & Sheeran, P. (2006). Implementation Intentions and Goal Achievement: A Metaanalysis of Effects and Processes. *Advances in Experimental Social Psychology, 38*, 69–119. https://doi.org/10.1016/S0065-2601(06)38002-1

Hammer, T. (2015). *Existenzgründung: In zehn Schritten zum Erfolg.* Stiftung Warentest.

Hofert, S. (2011). *Erfolgreiche Existenzgründung für Trainer, Berater, Coachs: Das Praxisbuch für Gründung, Existenzaufbau und Expansion.* Whitebooks.

Holmes, C. (2008). *The Ultimate Sales Machine: Turbocharge Your Business with Relentless Focus on 12 Key Strategies.* Portfolio.

Jantsch, J. (2010). *Duct Tape Marketing. The Worlds Most Practical Small Business Marketing Guide.* Thomas Nelson-Verlag.

Kappes, H.B. & Oettingen, G. (2011). Positive Fantasies About Idealized Futures Sap Energy. *Journal of Experimental Social Psychology, 47,* 719–729. https://doi.org/10.1016/j.jesp.2011.02.003

Keller, G. & Papasan, J. (2013). *The ONE Thing: The Surprisingly Simple Truth Behing Extraordinary Results.* Bard Press.

Koch, R. (2015). *Das 80/20-Prinzip: Mehr Erfolg mit weniger Aufwand.* Campus.

Kuntz, B. (2011). *Fette Beute für Trainer und Berater: Wie Sie „Noch-nicht-Kunden“ Ihre Leistung schmackhaft machen.* Manager Seminare.

Kuntz, B. (2013). *Die Katze im Sack verkaufen: Wie Sie Bildung und Beratung mit System vermarkten – offline und online.* Manager Seminare.

Lee, K.M. (2004). The Multiple Source Effect and Synthesized Speech. *Human Communication Research, 30* (2), 182–207. https://doi.org/10.1111/j.1468-2958.2004.tb00730.x

Lynn, M. (1991). Scarcity effects on value: A quantitative review of the commodity theory literature. *Psychology & Marketing, 8*, 43–57. https://doi.org/10.1002/mar.4220080105

wMcFarland, K.R. (2008). *Der Durchbruch: Wie gute Firmen zu Spitzenunternehmen werden.* Redline-Wirtschaft.

Merath, S. (2011). *Der Weg zum erfolgreichen Unternehmer: Wie Sie und Ihr Unternehmen neue Dynamik gewinnen.* GABAL.

Moreland, R.L. & Beach, S.R. (1992). *Exposure effects in the classroom: The development of affinity among studen Journal of Experimental Social Psychology, 28*, 255–276. https://doi.org/10.1016/0022-1031(92)90055-O

The Nielsen Company. (2015). *Global Trust in Advertising.* Online abrufbar unter: http://www.nielsen.com/insights/2015/global-trust-in-advertising-2015/

Oettingen, G. (2014). *Rethinking Positive Thinking: Inside the New Science of Motivation.* Current.

Oettingen, G. & Mayer, D. (2002). The Motivating Function of Thinking about the Future: Expectations versus Fantasies. *Journal of Personality and Social Psychology, 83,* 1198–1212. https://doi.org/10.1037/0022-3514.83.5.1198

Parkinson, N. (1955, November 19) Parkison’s Law. *The Economist.* https://www.economist.com/news/1955/11/19/parkinsons-law

Pausch, R. (2007). *Randy Pausch Lst Lecture: Achieving Your Childhood Dreams.* Online abrufbar unter: https://www.youtube.com/watch?v=ji5_MqicxSo&t=919s

Peskin, M. & Newell, F.N. (2004). Familiarity breeds attraction: effects of exposure on the attractiveness of typical and distinctive faces. *Perception, 33* (2), 147–157. https://doi.org/10.1068/p5028

Peters, T.J. & Waterman, R.H. (2003). *Auf der Suche nach Spitzenleistungen. Was man von den bestgeführten US-Unternehmen lernen kann.* Redline-Wirtschaft.

Port, M. (2011). *Book Yourself Solid.* Wiley.

Regan, R.T. (1971). Effects of Favor and Liking on Compliance. *Journal of Experimental Social Psychology, 7,* 627–639. https://doi.org/10.1016/0022-1031(71)90025-4

Tracy, B. & Scheelen, F. (2016). *Das Maximum-Prinzip: Mehr Erfolg, Freizeit und Einkommen – durch Konzentration auf das Wesentliche.* Campus.

Verhallen, T.M.M. & Robben, H.S.J. (1994). Scarcity and preference: An experiment of anavailability and product evaluation. *Journal of Economic Psychology, 15,* 315–331. https://doi.org/10.1016/0167-4870(94)90007-8

Winistörfer, N. (2015). *Ich mache mich selbständig. Von der Geschäftsidee zur erfolgreichen Firmengründung.* Beobachter-Verlag.

Zajonc, R. (1968). Attitudinal Effects of Mere Exposure. *Journal of Personality and Social Psychology, 9* (2), 1–27. https://doi.org/10.1037/h0025848

Sachwortverzeichnis

F

G

H

Q

R

S